高等职业教育
自动化类专业系列教材

可编程控制器应用技术

冯晓玲　主　编

石学勇　副主编

李忠明　主　审

化学工业出版社

·北京·

内容简介

本书为职业教育自动化类专业的核心课教材。本书基于项目导向、任务驱动的理念，从工程应用角度出发，通过实际项目的构建及运行，主要介绍了 PLC 的基础知识、指令系统、编程方法和网络通信。全书注重知识的应用和解决实际问题能力的培养，旨在使学生能够应用 PLC 完成实际控制系统的设计、安装及调试。本书配套电子课件，登录化工教育网站（www.cipedu.com.cn）即可免费下载。书中有部分视频资源，扫码即可查看。

本书可作为职业院校工业自动化仪表技术、工业过程自动化技术、化工自动化技术等自动化相关专业的教材，也可供石油、化工、电力、冶金、制药、热工等企业的工程技术人员参考使用。

图书在版编目（CIP）数据

可编程控制器应用技术 / 冯晓玲主编；石学勇副主编. -- 北京：化学工业出版社，2025. 8. --（高等职业教育自动化类专业系列教材）. -- ISBN 978-7-122 -48256-3

Ⅰ. TP332. 3

中国国家版本馆 CIP 数据核字第 2025CQ2727 号

责任编辑：葛瑞祎　　　　　　　文字编辑：刘建平
责任校对：田睿涵　　　　　　　装帧设计：张　辉

出版发行：化学工业出版社
　　　　　（北京市东城区青年湖南街 13 号　邮政编码 100011）
印　　装：大厂回族自治县聚鑫印刷有限责任公司
787mm×1092mm　1/16　印张 13　字数 318 千字
2025 年 8 月北京第 1 版第 1 次印刷

购书咨询：010-64518888　　　　　售后服务：010-64518899
网　　址：http://www.cip.com.cn
凡购买本书，如有缺损质量问题，本社销售中心负责调换。

定　　价：　39. 00 元　　　　　　　版权所有　违者必究

前言

随着制造业向智能制造的转型发展，以微型计算机为核心的可编程控制器（PLC）因具有功能强大、可靠性极高、编程简单、使用方便、体积小巧的优点，成为了工业控制领域的主流控制设备之一，尤其以西门子 S7 系列为代表的 PLC 在我国工业生产中得到了广泛的应用。

《可编程控制器应用技术》从高职应用型高技能人才培养的需要出发，结合学情优化项目设计，注重理论联系实际，注重学生的爱国情怀、劳动精神、工匠精神、创新意识的培养，将 PLC 的理论知识融于项目之中，将相关知识与技能学习贯穿于整个项目之中，真正实现了"知能合一"的学习效果，达到"岗课赛证"综合育人目标。

全书分为基础篇和项目篇。基础篇主要介绍通用知识，分为三章：可编程控制器（PLC）基础，PLC 的硬件构成，STEP7 编程软件。项目篇选取典型工作任务，通过四组抢答器、交通灯控制系统、仓库存储控制系统、花样喷泉控制系统、多种液体混合控制系统、水箱液位控制系统及网络通信的设计与调试，将西门子 S7-300 的理论知识融于这些项目中，使学习者在工程项目中逐步掌握 S7-300 PLC 的编程方法和程序设计技巧。各项目中配有思考与练习，同时配有二维码视频对主要知识点进行讲解，方便学习者巩固和练习，使学习变得轻松生动。

本书由辽宁石化职业技术学院冯晓玲担任主编，石学勇担任副主编。具体编写分工如下：吴巍编写基础篇，石学勇编写项目篇的项目一、二，冯晓玲编写项目篇的项目三、四、五、六，中国石油锦州石化公司的郭健编写项目篇的项目七，马菲编写项目篇的项目八、九。全书由冯晓玲统稿，李忠明担任主审。

由于编者水平有限，书中难免存在不足，敬请各位读者批评指正。

编者

目 录

第一篇 基础篇

第二篇 项目篇

第一篇 基础篇

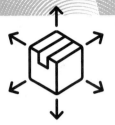

第一章 可编程控制器（PLC）基础

可编程控制器应用技术

知识点一　继电器-接触器控制的回顾

可编程控制器的产生与发展是伴随着生产技术的发展，在继电器-接触器控制基础上产生和发展起来的。

一、继电器-接触器控制的特点

在可编程控制器诞生之前，工业设备的电气控制主要采用以继电器-接触器为主体的控制装置。各种类型的继电器和接触器将其触点和线圈按一定的逻辑关系，用导线连接起来组成控制电路，控制生产机械的运动。

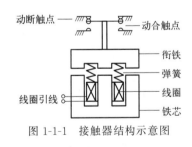

图 1-1-1　接触器结构示意图

接触器结构如图 1-1-1 所示，它由线圈、铁芯、衔铁和触点等部件组成。当线圈通电后，产生磁场，衔铁在磁力作用下被铁芯吸合，衔铁在吸合的同时带动接触器的触点动作，使动合触点接通、动断触点断开，实现电路连接的切换。

图 1-1-2 是采用接触器控制的三相异步电动机单向运转电路图。图 1-1-2（a）为主电路，电路中通过接触器 KM 主动合触点的闭合和断开，接通、断开三相异步电动机的电源，实现对电动机的启动和停止控制。图 1-1-2（b）为控制电路，通过对启动按钮 SB2 和停止按钮 SB1 的操作，使接触器 KM 的线圈得电或失电，实现对接触器 KM 的控制。此外，该控制电路还有对三相异步电动机进行短路、过载和失压、欠压保护的功能。

二、继电器-接触器控制的缺点

随着工业自动化程度的不断提高，继电器-接触器控制系统的缺陷不断地暴露出来。

① 继电器-接触器的控制采用硬件接线，利用机械触点的串联或并联及延时继电器的滞后动作等组合形成控制逻辑，由于线路连接烦琐，系统的可靠性大大降低；

② 继电器-接触器的控制体积大、功耗大，系统构成后，想再改变或增加功能较为困难，另外，继电器触点数量有限，所以继电器控制系统的灵活性和可扩展性受到很大限制，不利于产品的更新换代；

③ 在工作方式上，继电器-接触器控制电路中，当电源接通时电路中所有继电器都处于受制约状态，即该吸合的继电器都同时吸合，不该吸合的继电器受某种条件限制而不能吸合，这种工作方式称为并行工作方式；

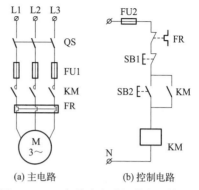

图 1-1-2　三相异步电动机单向运转电路

④ 继电器-接触器系统依靠机械触点的动作实现，工作频率低，触点的开关动作一般在几十毫秒数量级，且机械触点还会出现抖动问题。

知识点二　可编程控制器的产生与发展

一、可编程控制器的产生

20 世纪 60 年代末，随着电子技术的飞速发展，工业产品的不断改造和创新，人们开始寻求一种能够以数字逻辑代替继电器-接触器控制线路的新型工业控制设备，这就是后来的可编程控制器。

世界上第一台可编程控制器在 1969 年由美国数字设备公司（DEC）研制，并在美国通用汽车公司（GM）汽车生产线上首次成功应用，首次将程序化的手段应用于电气控制。该台可编程控制器利用计算机编程软件进行逻辑程序的编辑和控制，具备了基本逻辑运算和编程能力，能实现生产的自动控制。

1971 年，日本从美国引进了这项技术，很快研制出日本第一台 PLC。1973 年，德国西门子公司研制出欧洲的第一台 PLC。中国从 1974 年开始研制，1977 年开始工业应用。

20 世纪 70 年代初，随着微处理器的出现，可编程控制器不仅具有逻辑功能，还增加了运算、数据传送和处理等功能，成为真正具有计算机特征的工业控制装置。20 世纪 70 年代中末期，可编程控制器进入广泛应用阶段，由于计算机技术的引入，可编程控制器在运算速度、控制功能、适应能力、可靠性、体积和价格等方面有了明显的优势，在工业控制中逐步占有主导地位。

可编程控制器产生的初期只具有逻辑运算功能，用来代替继电器-接触器控制。因此，可编程控制器被人们习惯叫作可编程逻辑控制器（programmable logic controller，PLC）。随着 PLC 功能的不断增加，简单的逻辑控制并不能反映出可编程控制器的全部功能，为此，国际上给它统一的名称：可编程控制器（programmable controller）。由于个人计算机（personal computer）的缩写为 PC，为了避免混淆，可编程控制器的缩写仍然为 PLC。

可编程控制器的产生

二、可编程控制器的定义

国际电工委员会（IEC）多次发布及修订了有关 PLC 文件，1987 年颁布的 PLC 标准草案中对 PLC 作了如下定义：PLC 是一种专门为在工业环境下应用而设计的数字运算操作的电子装置。它采用可以编制程序的存储器，用来在其内部存储执行逻辑运算、顺序运算、计时、计数和算术运算等操作的指令，并能通过数字式或模拟式的输入和输出，控制各种类型的机械或生产过程。PLC 及其有关的外围设备都应按照易于与工业控制系统形成一个整体、易于扩展其功能的原则而设计。

以上定义表明，PLC 是一种具有一定数字处理能力，直接应用于工业环境的数字电子装置。它实质上是经过改造的工业控制用计算机。

知识点三　PLC 的特点与功能

由于 PLC 是面向工业生产开发的，因此，在工业控制中有着十分广泛的应用。

一、PLC 的特点

PLC的特点
与功能

1. 易学易用，编程方便

PLC 是经过改造的工业控制计算机，它的设计是面向企业中一般电气工程技术人员的，它主要采用易于理解和掌握的梯形图语言编程，编程语言的电路符号和表达方式与继电器-接触器控制电路相近，对于熟悉继电器-接触器控制电路的电气工程技术人员，易于接受，容易掌握。

2. 可靠性高，抗干扰能力强

可靠性是电气控制设备的重要技术指标，是生产机械安全、可靠工作的必要保证。PLC 内部电路采用了先进的抗干扰技术，输入/输出电路采用光电耦合和滤波，输入信号采用周期分时采样以及防止程序执行时间过长或死机的看门狗定时器 WDT（watch dog timer）。这些措施大大地提高了 PLC 的抗干扰能力，使 PLC 能够在比较恶劣的工业生产环境下长期连续可靠地工作。

此外，PLC 带有硬件故障的自我检测功能，出现故障时可及时发出报警信息。外围器件的故障自诊断可通过在 PLC 应用软件中编入故障诊断程序实现。与继电器-接触器控制电路比较，PLC 控制的电气接线大大减少，平均无故障时间延长，故障修复时间缩短。

3. 适用性强，使用方便

PLC 的产品已经标准化、系列化、模块化，用户可根据不同控制要求，将一个或多个 PLC 及其功能模块进行灵活组合，组成具有各种规模和控制功能的 PLC 控制系统。

当生产工艺更新、控制要求改变、生产设备增加或需要变更控制系统的功能时，通常只需要改变用户程序和对输入/输出接点进行少量的增减或调整，就能够满足控制要求，不需要做大的改动。这些是继电器-接触器控制很难实现的。

4. 系统的设计和施工周期缩短

PLC 的程序设计和调试可与电气施工同时进行。程序的设计可在实验室进行，通过模拟和仿真对控制程序进行调试。待电气安装完成后，再进行现场的联机调试，因此整个设计和施工周期明显缩短。

5. 维护方便

PLC 除了能够按照程序执行工作任务外，还可以通过编程器或计算机上安装的编程软件对 PLC 进行实时监控，随时了解 PLC 内部变量的变化过程。这使 PLC 的操作和维护变得方便快捷。此外，PLC 还具有自诊断功能，能随时检查自身的故障，发现问题并及时报警，如输入/输出接点的状态、数据通信是否异常等。PLC 这些报警功能的设置，在提高系统可靠性的同时，也使设备维护变得更加容易。

二、PLC 的功能

PLC 的应用领域十分广泛，在钢铁、石油、化工、电力、机械制造、汽车、轻纺和交通运输等各个行业，PLC 都有广泛的应用。根据 PLC 的使用情况 PLC 的功能大致可归纳为如下几类。

1. 控制功能

PLC 具有逻辑控制、定时控制、计数控制、顺序控制功能。饮料厂工艺的 PLC 控制如图 1-1-3 所示。

2. 数据采集、存储与处理功能

现代 PLC 都具有不同程度的数据分析和处理功能，如：数学运算（算术运算、函数运算、逻辑运算）、数据传送、数据转换、排序、查表等。数学运算、数据处理功能如图 1-1-4 所示。

图 1-1-3 饮料厂工艺的 PLC 控制现场 图 1-1-4 数据采集、存储与处理功能

3. 输入/输出接口调理功能

PLC 具有 A/D、D/A 转换功能，通过 I/O 模块完成对模拟量的控制和调节。位数和精度可以根据用户要求选择。具有温度测量接口，可直接连接各种热电阻或热电偶。

4. 网络通信

PLC 的通信主要包括：PLC 与计算机之间、多个 PLC 之间、PLC 与其他智能设备间的通信。随着网络技术的发展，PLC 的网络和通信在标准化、速度、操作等方面都有了

很大提高。PLC 的通信功能在工厂自动化生产、运行监控、数据记录等方面都有广泛应用。如图 1-1-5 所示。

5. 编程、调试功能

使用复杂程度不同的手持、便携和桌面式编程器、工作站和操作屏，可进行编程、调试、监视、试验和记录，并通过打印机打印出程序文件。如图 1-1-6 所示。

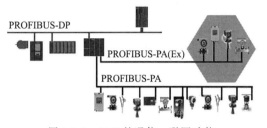

图 1-1-5　PLC 的通信、联网功能　　　　图 1-1-6　PLC 的编程、调试功能

知识点四　PLC 的基本结构与分类

PLC的基本
结构与分类

一、PLC 的基本结构

PLC 作为一种工业控制计算机，其硬件结构与通用计算机大体相同，主要由中央处理单元（CPU）、存储器（RAM、ROM）、输入/输出器件（I/O 接口）、电源和编程设备几大部分构成。PLC 的硬件结构框图如图 1-1-7 所示。

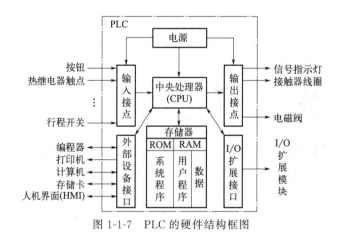

图 1-1-7　PLC 的硬件结构框图

1. 中央处理器（CPU）

中央处理器是 PLC 的核心，它在系统程序的控制下，完成逻辑运算、数学运算、系统内部各部分工作协调。

2. 存储器

存储器是 PLC 存放系统程序、用户程序和运算数据的部件。和计算机一样，PLC 的存储器分为只读存储器（ROM）和随机读写存储器（RAM）两大类。

只读存储器（ROM）用来保存那些需永久保存的系统程序和数据，它具有掉电后数据不丢失的特点，但读写速度慢。PLC 中常用的只读存储器有：一次性写入只读存储器（OTPROM）、紫外线擦除只读存储器（EPROM）、电擦除只读存储器（E2PROM）。

随机读写存储器（RAM）的特点是读/写速度快，但在掉电情况下存储的数据会丢失，一般用来存放用户程序及系统运行中产生的临时数据。为了使用户程序及某些运算数据在 PLC 断电后也能保持，在实际使用中都为这些重要的随机读写存储器配备电池和电容等掉电维持装置。PLC 中常用的随机读写存储器为静态读写存储器（SRAM）。

PLC 的用户程序存储器按用途分为程序区及数据区。程序区用来存放用户程序，依机器的规模一般有数千个字节。用来存放用户数据的区域一般要小一些，在数据区中，又被划分为若干区段，各类数据存放的大小和位置都有严格的规定，如输入数据区、输出数据区、定时器和计数器数据区等。不同用途的数据区在存储区中占有不同的区域，每个区域又划分成若干个存储单元，每个存储单元有不同的地址编号。

3. 输入/输出单元

输入/输出单元通常也称 I/O 单元或 I/O 模块，是 PLC 与工业生产现场之间的连接部件。PLC 通过输入接口可以检测被控对象的各种数据，以这些数据作为 PLC 对被控对象进行控制的依据；同时 PLC 又通过输出接口将处理结果送给被控对象，以实现控制目的。

由于外部输入设备和输出设备所需的信号电平是多种多样的，而 PLC 内部 CPU 处理的信息只能是标准电平，所以 I/O 接口要实现这种转换。I/O 接口一般都具有光电隔离和滤波功能，以提高 PLC 的抗干扰能力。另外，I/O 接口上通常还有状态指示，工作状况直观，便于维护。

PLC 提供了具有多种操作电平和驱动能力的 I/O 接口，主要类型有：数字量（开关量）输入、数字量（开关量）输出、模拟量输入、模拟量输出等。

（1）开关量输入接口

开关量输入电路的作用是把现场的开关量信号变成 PLC 内部识别的标准信号。常用的开关量输入接口按其使用的电源不同有三种类型：直流输入接口、交流输入接口和交/直流输入接口。基本原理电路如图 1-1-8 所示。

（2）开关量输出接口

开关量输出电路的作用是把 PLC 内部的标准信号转换成 PLC 驱动负载所需的开关量信号。开关量输出电路按 PLC 使用的输出器件分为继电器型输出、晶体管型输出及双向晶闸管型输出电路，基本原理电路如图 1-1-9 所示。

其中，继电器型输出电路适用交流或直流负载，但响应速度慢；晶体管型输出电路适用直流负载，响应速度快；双向晶闸管型输出电路适用交流负载，响应速度快。

4. 电源

PLC 的电源包括它各部分工作需要的电源，通常为 AC 220V 或 DC 24V，以及 PLC 断电后，防止用户程序和数据丢失的后备电源，通常为锂电池。

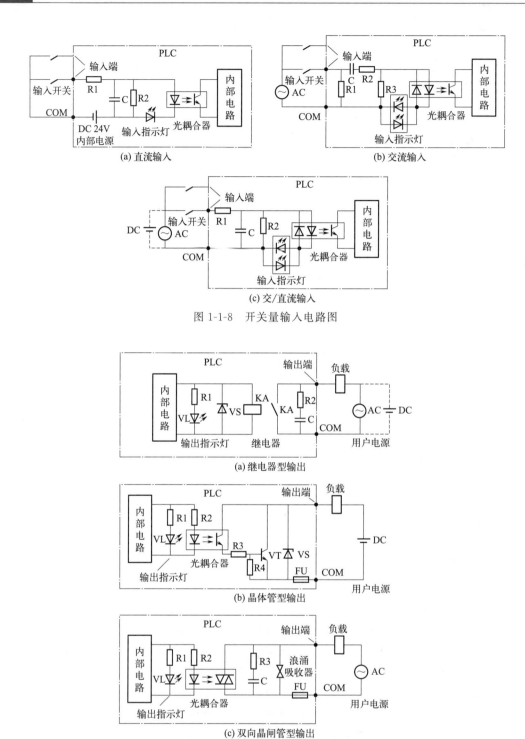

图 1-1-8 开关量输入电路图

图 1-1-9 开关量输出电路图

5. 外部设备

PLC 可以根据用户需要，通过 PLC 的接口与外部设备相连，实现编程、通信和监控等功能。如：编程器、打印机、EPROM 写入器、HMI（人机界面）、外存储器等。

二、PLC 的分类

PLC 的产品种类繁多，其规格和性能也各不相同。通常根据 PLC 的结构形式和 I/O 点数的多少等进行大致分类。

1. 按结构分

（1）一体化紧凑型 PLC

一体化紧凑型 PLC 将电源、CPU、I/O 接口都集成在一个机壳内，如西门子 S7-200 系列 PLC，如图 1-1-10 所示。

（2）标准模块式结构化 PLC

标准模块式结构化 PLC 的各种模块相互独立，并安装在固定的机架（导轨）

图 1-1-10　S7-200 系列 PLC

上，构成一个完整的 PLC 应用系统。如西门子 S7-300、S7-400 系列 PLC，如图 1-1-11 所示。

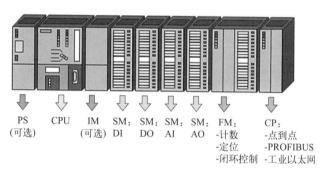

图 1-1-11　S7-300 系列 PLC

2. 按规模分

根据 PLC 的 I/O 点数的多少，可将 PLC 分为小型、中型和大型三类。

① 小型 PLC：I/O 点数不超过 256 点，用户存储容量 4KB 以下，如 S7-200、S7-1200 系列 PLC。

② 中型 PLC：I/O 点数在 256～1024 点，用户存储容量为 2～8KB，如 S7-300 系列 PLC。

③ 大型 PLC：I/O 点数超过 1024 点，用户存储容量为 8～16KB，如 S7-400、S7-1500 系列 PLC。

知识点五　PLC 的基本工作原理

PLC 的工作原理与计算机的工作原理基本一致，可以简单地表述为在系统程序的管理下，通过运行应用程序完成用户任务。但计算机与 PLC 的工作方式有所不同，计算机一般采用等待命令的工作方式，如键盘扫描方式，有键按下则转入相应的子程序。而

PLC 是一种专用机，在确定工作任务、输入用户程序后，它采用循环扫描方式工作，包括系统工作任务管理及用户程序执行都是循环扫描完成的。

一、PLC 的等效工作电路

如图 1-1-12 所示，PLC 的等效电路包括三部分：输入电路部分、程序控制电路部分和输出电路部分。输入电路用于采集输入信号，程序控制电路按照用户程序要求根据采集的数据和已知的结果进行逻辑运算，输出电路是 PLC 的执行部件。

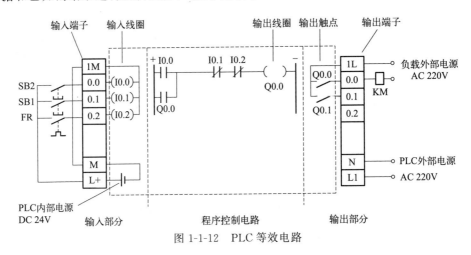

图 1-1-12　PLC 等效电路

1. 输入等效电路

输入等效电路由外部输入电路、PLC 输入接线端子和输入继电器组成。外部输入信号到来后，通过连接的接线端子使相应的输入继电器线圈得电；当外部信号失去后，相应的输入继电器线圈失电。通过输入继电器线圈的得电和失电，使相应的输入映像寄存器位元件状态变成"1"或"0"。

通过等效电路可以看到，输入继电器的线圈只能通过外部信号驱动，而不能通过程序控制。

2. 程序控制等效电路

它是由用户程序形成的用"软继电器"表示的控制电路。该电路的作用是按照用户程序的逻辑关系，利用本次采样的输入信号值和已有的各继电器线圈状态值进行逻辑运算，并将运算结果写入各个继电器线圈对应的映像寄存器位元件中，即对各相关的状态元件值进行刷新。

3. 输出等效电路

输出电路由内部驱动电路、输出接线端子和外部驱动电路组成。该电路的作用是根据本次运算得到的各个输出继电器结果，驱动相应输出电路，即对输出状态进行刷新。

二、PLC 的工作过程

PLC的工作
过程

1. PLC 的扫描工作方式

PLC 工作过程示意图见图 1-1-13。PLC 所要完成的任务如下：

① PLC 内部各单元的调度、监控。

② PLC 与外部设备间的通信。

③ PLC 控制任务的执行。

这些工作都是分时完成的，每项工作又都包含着许多更具体的任务。其中，控制任务的执行是 PLC 工作过程十分重要的环节，它可分为以下三个阶段。

① 输入采样阶段：在这个阶段中，PLC 读取输入接点的状态，并将它们存放在输入映像寄存器中。

② 程序执行阶段：在这个阶段中，PLC 根据本次采样的输入数据和前面得到的运算结果，按照用户程序的顺序逐行逐句执行用户程序。执行的结果存储在相应元件的映像寄存器中。

③ 输出刷新阶段：这是一个工作周期的最后阶段。PLC 将本次执行用户程序得到的输出结果一次性地从输出映像寄存器区送到各个输出口，对输出状态进行刷新。

这三个阶段也是分时完成的。为了连续地完成 PLC 所承担的工作，系统必须周而复始地重复执行这一系列的工作，把这种工作方式叫作循环扫描工作方式。

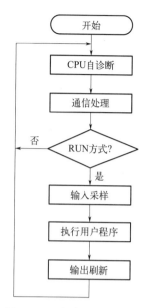

图 1-1-13　扫描过程示意图

2. 扫描周期

周期性顺序扫描是 PLC 特有的工作方式。PLC 通电后，为了使 PLC 的输出及时地响应各种输入信号，初始化后的 PLC 反复不停地处理各种不同任务，处在不断循环的扫描过程中。每次扫描所用的时间称为扫描时间，又称为扫描周期或工作周期，如图 1-1-14 所示。

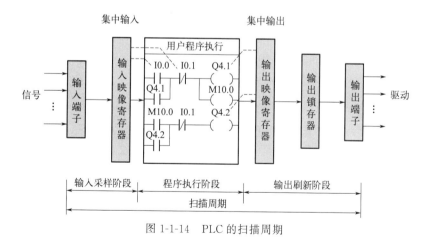

图 1-1-14　PLC 的扫描周期

3. PLC 与继电器-接触器控制电路工作原理的差别

继电器-接触器控制电路是以电磁机构为主体的低压控制电器，而 PLC 是计算机控制系统。PLC 的梯形图和继电器-接触器控制电路图虽然相似，但是二者在工作过程上有着根本的不同。

① 继电器-接触器控制电路采用并行工作方式。忽略电磁滞后及机械滞后，同一个继电器所有触点的动作和它的线圈通电或断电同时发生，只要形成电流通路，就可能有多个继电器同时动作，继电器的各触点会出现竞争和时序失配问题。

　　② 在 PLC 中，采用循环扫描的串行方式。它是顺序逐条地、连续地、循环地执行程序。任一时刻它只能执行一条指令，这种工作方式，可避免继电器-接触器控制电路中的触点竞争和时序失配问题，提高了 PLC 的可靠性，这是 PLC 的一大优势，但容易出现滞后。

 思考与练习

1. 简述可编程控制器的定义。
2. 可编程控制器的主要特点有哪些？
3. 可编程控制器的基本组成有几部分？有何作用？
4. PLC 开关量输入电路分别有哪几种形式？
5. PLC 开关量输出电路有哪几种形式？各有何特点？
6. PLC 工作过程分为几个阶段？
7. 什么是扫描周期？
8. PLC 与继电器-接触器控制电路的工作过程有何不同？

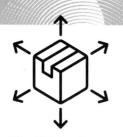

可编程控制器应用技术

第二章
PLC的硬件构成

知识点一　PLC硬件系统基本结构

下面以西门子SIMATIC S7-300系列PLC为例进行介绍。

SIMATIC S7-300系列PLC是模块化结构设计，各单独模块间可进行广泛组合和扩展，从而使控制系统设计更加灵活，以满足不同的应用需求。其系统构成如图1-2-1所示。

它的主要组成部分有导轨（RACK）、电源模块（PS）、CPU、接口模块（IM）、信号模块（SM）、功能模块（FM）等。

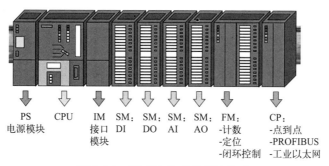

| PS
电源模块 | CPU | IM
接口
模块 | SM:
DI | SM:
DO | SM:
AI | SM:
AO | FM:
-计数
-定位
-闭环控制 | CP:
-点到点
-PROFIBUS
-工业以太网 |

S7-300 PLC
系统的构成

图1-2-1　S7-300 PLC的模块组成

一、S7-300系列PLC硬件简介

1. 导轨（RACK-300）

导轨是安装S7-300各类模块的机架，它是特制不锈钢异形板，起物理支撑作用，长度有160mm、482mm、530mm、830mm、2000mm五种，可根据实际需要选择。

电源模块、CPU及其他信号模块都可方便地安装在导轨上，除CPU模块外，每个信号模块都带有总线连接器，安装时先将总线连接器装在 CPU 模块上并固定在导轨上，然后依次将各模块装入，通过背板总线将各模块从物理上和电气上连接起来，S7-300 的安装如图 1-2-2 所示。

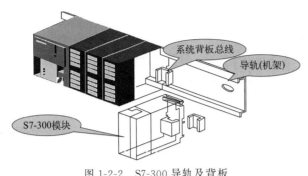

图 1-2-2　S7-300 导轨及背板
总线与模块连接示意图

2. 电源模块（PS）

电源模块是构成 PLC 控制系统的重要组成部分，针对不同系列的 CPU，西门子有匹配的电源模块与之对应，用于对 PLC 内部电路和外部负载供电。

电源模块 PS 30X 系列有多种 S7-300 电源模块可为编程控制器供电，也可以向需要 24V 直流电的传感器/执行器供电，比如 PS 305、PS 307。PS 305 电源模块是直流供电，输出为 24V 直流电。PS 307 是将交流电转换为 DC 24V 输出，有 3 种规格的电源模块可选：2A、5A 和 10A。图 1-2-3 是电源模块的模块示意图。

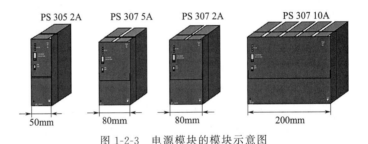

图 1-2-3　电源模块的模块示意图

PS 307 电源模块（10A）具有以下显著特性：

① 输出电流 10A；

② 输出电压 DC 24V，防短路和开路保护；

③ 连接单相交流系统（输入电压 AC 120/230V，50/60Hz）；

④ 可靠的隔离特性，符合 EN 60950 标准；

⑤ 可用作负载电源。

一个实际的 S7-300 PLC 系统，在确定所有的模块后，要选择合适的电源模块。所选定的电源模块的输出功率必须大于 CPU 模块、所有 I/O 模块、各种智能模块的总消耗功率之和，有时甚至还要考虑某些执行单元的功率，并且要留有 30% 左右的余量。

3. CPU 模块

SIMATIC S7-300 提供了多种不同性能的 CPU，以满足用户不同的要求，包括 CPU 312 IFM、CPU 313、CPU 314、CPU 315、CPU 315-2 DP 等。

CPU 模块除完成执行用户程序主要任务外，还为 S7-300 背板总线提供 5V 直流电源，并通过 MPI（多点接口）与其他中央处理器或编程装置通信。

4. 接口模块（IM）

接口模块用于 S7-300 机架扩展时，连接主机架（CR）和扩展机架（ER）。当需要的信号模块（SM）超过 8 个时，可通过接口模块（IM）连接安装扩展机架，一个 S7-300 系统最多可安装 3 个扩展机架、32 个信号模块。例如：IM 360、IM 361、IM 365 等。

5. 信号模块（SM）

信号模块（SM）也叫输入/输出模块，是 CPU 模块与现场输入/输出元件和设备连接的桥梁，可以使不同的过程信号电平和 S7-300 的内部信号电平相匹配，用户可根据现场输入/输出设备选择各种用途的 I/O 模块。

信号模块（SM）主要有数字量输入模块 SM 321、数字量输出模块 SM 322、模拟量输入模块 SM 331、模拟量输出模块 SM 332。每个信号模块都配有自编码的螺紧型前连接器，外部过程信号可方便地连在信号模块的前连接器上。不需断开前连接器上的外部连线，就可以迅速地更换模块。信号模块和前连接器如图 1-2-4 所示。

图 1-2-4　S7-300 PLC 信号
模块及前连接器

6. 功能模块（FM）

功能模块主要用于对实时性和存储容量要求高的控制任务，例如计数器模块 FM 350、快速/慢速进给驱动定位模块 FM 351、电子凸轮控制模块 FM 352、步进电动机定位模块 FM 353、伺服电动机定位模块 FM 354、闭环控制模块 FM 355 等。

7. 通信处理器模块（CP）

通信处理器用于 PLC 之间、PLC 与计算机和其他智能设备之间的通信，S7-300 系列 PLC 有多种用途的通信处理器模块，如 CP 340、CP 342-5 DP、CP 343 FMS 等，可以支持工业以太网、PROFIBUS（现场总线）、MPI（多点接口）及点到点连接等通信网络，如图 1-2-5 所示。通信处理器可以减轻 CPU 处理通信的负担，减少用户对通信的编程工作。

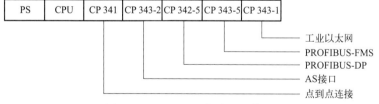

图 1-2-5　S7-300 通信处理器模块

二、CPU 模块

S7-300 有多种不同型号的 CPU，分别适用于不同等级的控制要求。有的 CPU 模块集成了数字量 I/O，有的同时集成了数字量 I/O 和模拟量 I/O。CPU 313 面板图如图 1-2-6 所示。

CPU 内的元件封装在一个牢固而紧凑的塑料机壳内，板上有状态和错误指示发光二极管灯、模式选择开关和通信接口。

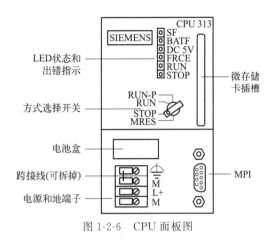

图 1-2-6　CPU 面板图

1. CPU 的分类

S7-300 的 CPU 模块可分为标准型、紧凑型、故障安全型、工艺型。

① 标准型：CPU 312、CPU 314、CPU 315-2 DP、CPU 315-2 PN/DP、CPU 317-2 DP、CPU 317-2 PN/DP、CPU 319-3 PN/DP。

② 紧凑型：CPU 312C、CPU 313C、CPU 313C-2 PtP、CPU 313C-2 DP、CPU 314C-2 PtP、CPU 314C-2 DP、CPU 314C-2 PN/DP。

③ 故障安全型：CPU 315F-2 DP、CPU 315F-2 PN/DP、CPU 317F-2 DP、CPU 317F-2 PN/DP、CPU 319F-3 PN/DP。

④ 工艺型：CPU 315T-3 PN/DP、CPU 317T-3 PN/DP、CPU 317TF-3 PN/DP。

2. 模式选择开关

RUN-P：可编程运行模式。在此模式下，CPU 不仅可以执行用户程序，在运行的同时，还可以通过编程设备（如装有 STEP7 的编程设备 PG、装有 STEP7 的计算机等）读出、修改、监控用户程序。

RUN：运行模式。在此模式下，CPU 执行用户程序，还可以通过编程设备读出、监控用户程序，但不能修改用户程序。

STOP：停机模式。在此模式下，CPU 不执行用户程序，但可以通过编程设备（如装有 STEP7 的 PG、装有 STEP7 的计算机等）从 CPU 中读出或修改用户程序。

MRES：存储器复位模式。该位置不能保持，当开关在此位置释放时将自动返回到 STOP 位置。将旋钮从 STOP 模式切换到 MRES 模式时，可复位存储器，使 CPU 回到初始状态。

复位操作步骤：将模式开关从 STOP 位置转换到 MRES 位置，STOP 停止指示灯灭 1s→亮 1s→灭 1s→常亮，释放开关使其回到 STOP 位置，然后再转换到 MRES 位置，STOP 停止指示灯以 2Hz 的频率闪烁 3s（表示正在对 CPU 复位）→常亮（表示已完成复位）。此时可释放开关使其回到 STOP 位置，并完成复位操作。

3. 状态及故障显示

SF（红色）：系统出错/故障指示灯。CPU 硬件或软件错误时亮。

BATF（红色）：电池故障指示灯（只有 CPU 313 和 CPU 314 配备）。当电池失效或未装入时，指示灯亮。

DC 5V（绿色）：+5V 电源指示灯。CPU 和 S7-300 总线的 5V 电源正常时亮。

FRCE（黄色）：强制作业有效指示灯。至少有一个 I/O 被强制状态时亮。

RUN（绿色）：运行状态指示灯。CPU 处于"RUN"状态时亮；LED 在"STARTUP"状态以 2Hz 频率闪烁；在"HOLD"状态以 0.5Hz 频率闪烁。

STOP（黄色）：停止状态指示灯。CPU 处于"STOP"或"HOLD"或"STAR-TUP"状态时亮；在存储器复位时 LED 以 0.5Hz 频率闪烁；在存储器置位时 LED 以 2Hz 频率闪烁。

BUS DF（BF）（红色）：总线出错指示灯（只适用于带有 DP 接口的 CPU）。出错时亮。

SF DP：DP 接口错误指示灯（只适用于带有 DP 接口的 CPU）。当 DP 接口故障时亮。

4. SIMATIC 微存储卡（MMC）

Flash EPROM 微存储卡用于在断电时，保存用户程序和某些数据，它可以扩展 CPU 的存储器容量，也可以将有些 CPU 的操作系统包括在 MMC 中，这对于操作系统的升级是非常方便的。MMC 用作装载存储器或便携式保存媒体，它的读写直接在 CPU 内进行，不需要专用的编程器。由于 CPU 31xC 没有安装集成的装载存储器，在使用 CPU 时必须插入 MMC，微存储卡如图 1-2-7 所示。

图 1-2-7　SIMATIC 存储卡

三、信号模块

1. 数字量模块

（1）数字量输入模块（SM 321）

数字量输入模块将现场过程送来的数字信号电平转换成 S7-300 内部信号电平。数字量输入模块有直流输入方式和交流输入方式。对现场输入元件，仅要求提供开关触点。输入信号进入模块后，一般都经过光电隔离和滤波，然后才送至输入缓冲器等待 CPU 采样。采样时，信号经过背板总线进入输入映像寄存器。

数字量输入模块 SM 321 按输入点数有 8 点、16 点和 32 点几种类型可供选择。

直流 32 点数字量输入和交流 32 点数字量输入模块的内部电路及外部端子接线图如图 1-2-8 和图 1-2-9 所示。

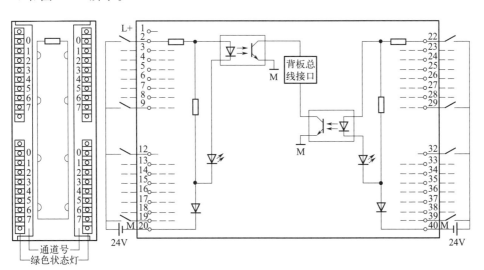

图 1-2-8　直流 32 点数字量输入模块的内部电路及外部端子接线图

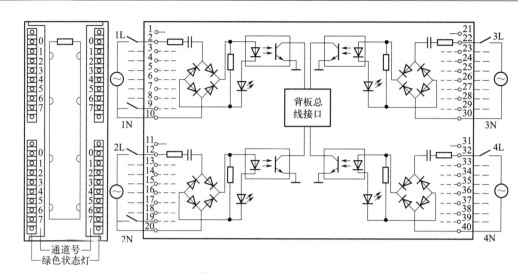

图 1-2-9 交流 32 点数字量输入模块的内部电路及外部端子接线图

（2）数字量输出模块（SM 322）

数字量输出模块将 S7-300 内部信号电平转换成过程所要求的外部信号电平，同时有隔离和功率放大的作用，可直接用于驱动电磁阀、接触器、小型电动机、灯等。

数字量输出模块所驱动的负载电源由外部现场提供。按负载回路使用的电源不同，它可分为直流输出模块、交流输出模块和交/直流两用输出模块。按输出开关器件的种类不同，它又可分为晶体管输出方式、双向晶闸管输出方式和继电器输出方式。

晶体管输出方式的模块只能带直流负载，属于直流输出模块；双向晶闸管输出方式的模块属于交流输出模块；继电器输出方式的模块属于交/直流两用输出模块。32 点晶体管输出模块和 16 点继电器输出模块的内部电路及外部端子接线图如图 1-2-10 和图 1-2-11 所示。

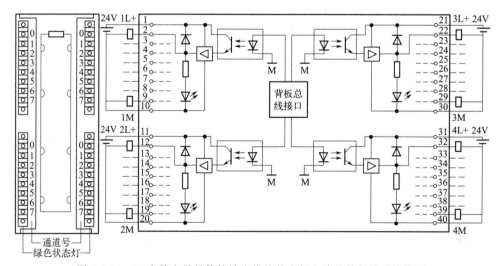

图 1-2-10 32 点数字量晶体管输出模块的内部电路及外部端子接线图

从响应速度上看，晶体管输出方式的模块响应最快，继电器输出方式的模块响应最慢；从安全隔离效果及应用灵活性角度来看，以继电器输出方式的模块最佳。

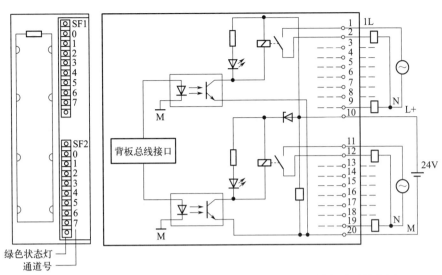

图 1-2-11　16 点数字量继电器输出模块的内部电路及外部端子接线图

（3）数字量输入/输出模块（SM 323）

SM 323 模块有两种类型，一种带有 8 个共地输入端和 8 个共地输出端，另一种带有 16 个共地输入端和 16 个共地输出端，两种特性相同。SM 323 的 DI 16/DO 16 模块的内部电路及外部端子接线图如图 1-2-12 所示。

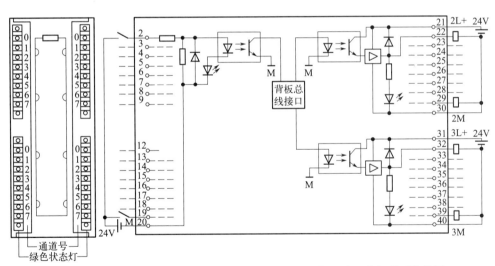

图 1-2-12　SM 323 DI 16/DO 16×DC 24V/0.5A 内部电路及外部端子接线图

2. 模拟量模块

（1）模拟量输入模块（SM 331）

模拟量输入模块 SM 331 用于将现场各种测量模拟量的传感器输出的电压或电流信号，转换成 PLC 内部处理的数字信号，主要由 A/D 转换部件、模拟切换开关、补偿电路、恒流源、光电隔离部件、逻辑电路等组成。

S7-300 模拟量输入模块可以直接输入电压、电流、电阻和热电偶等信号，模拟量输入模块 SM 331 目前有 8 种规格型号，所有模块都设有光电隔离电路，输入一般采用屏蔽电缆,其工作原理、性能、参数设置等各方面都完全一样。AI 8×13 位模拟量输入模块的接线图如图 1-2-13 所示。

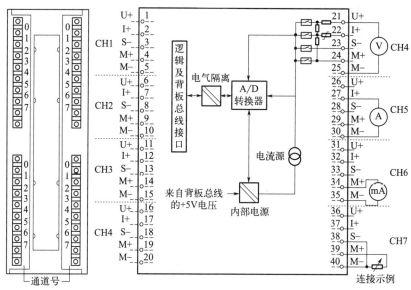

图 1-2-13 AI 8×13 位模拟量输入模块的接线图

(2) 模拟量输出模块 (SM 332)

模拟量输出模块 SM 332 用于将 PLC 内部的数字信号转换成系统所需要的模拟量信号,从而控制模拟量调节器或执行机构。AO 4×12 位模拟量输出模块接线图如图 1-2-14 所示。

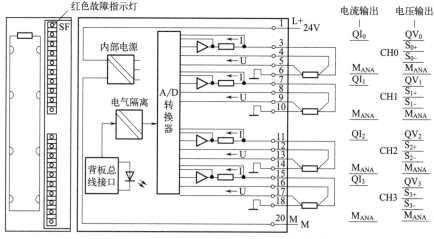

图 1-2-14 AO 4×12 位模拟量输出模块接线图

S7-300 PLC 模拟量输出模块可以输出 0~10V,1~5V,−10~10V,0~20mA,4~20mA,−20~20mA 等模拟信号。在输出电压时,可以采用 2 线回路和 4 线回路两种方式与负载相连。

(3) 模拟量输入/输出模块 (SM 334、SM 335)

模拟量 I/O 模块 SM 334 模块输入测量范围为 0~10V 或 0~20mA,输出范围为 0~

10V 或 0～20mA。它的 I/O 测量范围的选择是通过恰当的接线而不是通过组态软件编程设定的。SM 334 的接线图如图 1-2-15 所示。

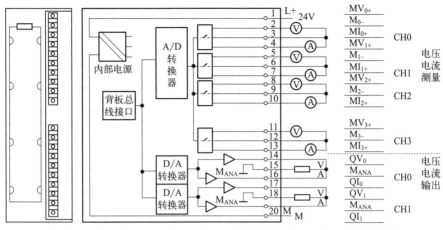

图 1-2-15　SM 334 AI 4/AO 2×8/8 位的模拟量输入/输出模块接线图

3. S7-300 模块地址的确定

根据机架上模块的类型，地址可以为输入（I）或输出（Q）。S7-300 的信号模块的字节地址与模块所在的机架号和槽号有关，位地址与信号线接在模块上的端子上有关。

（1）数字量模块地址的确定

数字量模块从 0 号机架的 4 号槽开始，每个槽位分配 4 个字节的地址，32 个 I/O 点。数字量地址分配如图 1-2-16 所示。

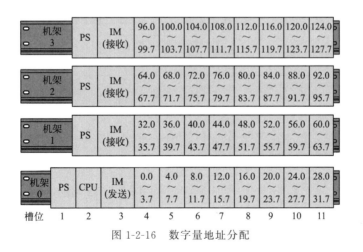

图 1-2-16　数字量地址分配

例如：0 机架的第一个信号模块槽（4 号槽）的地址为 0.0～3.7，一个 16 点的输入模块只占用地址 0.0～1.7，地址 2.0～3.7 未用，数字量地址的确定如图 1-2-17 所示。

数字量模块中的输入点和输出点的地址由字节部分和位部分组成。例如：I1.4 是一个数字量输入地址，Q1.4 是一个数字量输出地址。小数点前的 1 是地址字节部分，小数点后的 4 表示这个输入点是 1 号字节的第 4 位。字节地址取决于模块的起始地址，例如，第一个数字量模块插在第 4 号槽，其地址分配如图 1-2-18 所示。

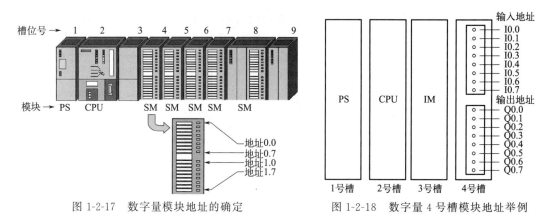

槽位号 → 1 2 3 4 5 6 7 8 9
模块 → PS CPU SM SM SM SM SM
地址0.0
地址0.7
地址1.0
地址1.7
图 1-2-17 数字量模块地址的确定

PS
CPU
IM
输入地址
I0.0
I0.1
I0.2
I0.3
I0.4
I0.5
I0.6
I0.7
输出地址
Q0.0
Q0.1
Q0.2
Q0.3
Q0.4
Q0.5
Q0.6
Q0.7
1号槽
2号槽
3号槽
4号槽
图 1-2-18 数字量 4 号槽模块地址举例

(2) 模拟量模块地址的确定

模拟量 I/O 模块每个槽划分为 8 个字（等于 8 个模拟量通道），模拟量模块以通道为单位，每个模拟量输入通道或输出通道的地址，总是一个字地址（占两个字节地址）。一个模拟量模块最多有 8 个通道，起始地址从 256 开始。模拟量地址分配如图 1-2-19 所示。

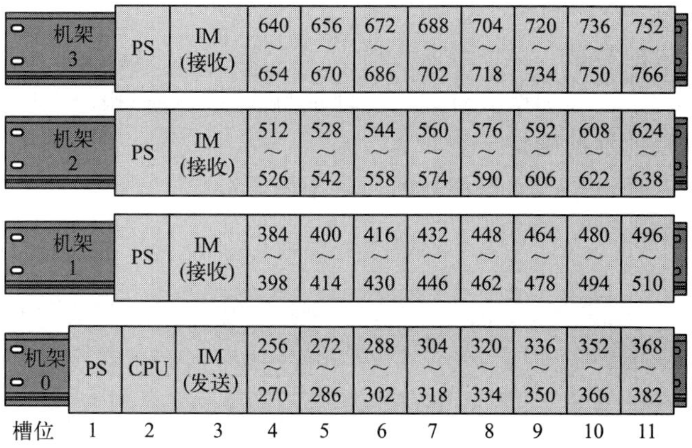

机架 3
PS
IM (接收)
640~654 656~670 672~686 688~702 704~718 720~734 736~750 752~766
机架 2
PS
IM (接收)
512~526 528~542 544~558 560~574 576~590 592~606 608~622 624~638
机架 1
PS
IM (接收)
384~398 400~414 416~430 432~446 448~462 464~478 480~494 496~510
机架 0
PS
CPU
IM (发送)
256~270 272~286 288~302 304~318 320~334 336~350 352~366 368~382
槽位 1 2 3 4 5 6 7 8 9 10 11
图 1-2-19 模拟量地址分配

模拟量输入通道或输出通道的地址取决于模块的起始地址，例如，第一个模拟量模块插在第 4 号槽，其地址分配如图 1-2-20 所示。

PS
CPU
IM
输入地址
PIW256
PIW258
PIW260
PIW262
PIW264
PIW266
PIW268
PIW270
输出地址
PQW256
PQW258
PQW260
PQW262
PQW264
PQW266
PQW268
PQW270
1号槽
2号槽
3号槽
4号槽
图 1-2-20 模拟量 4 号槽模块地址举例

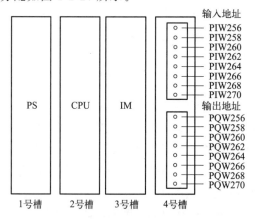

知识点二 S7-300 系统配置方式

一、S7-300 机架安装形式

S7-300 机架安装形式有水平安装和垂直安装，如图 1-2-21 所示。

二、机架组态

S7-300 PLC 采用的是模块化的组合结构，根据应用对象的不同，可选用不同型号和不同数量的模块，并可以将这些模块安装在同一机架（导轨）或多个机架上。与 CPU 312 IFM 和 CPU 313 配套的模块只能安装在一个机架上。除了电源模块、CPU 模块和接口模块外，一个机架上最多只能再安装 8 个信号模块或功能模块。

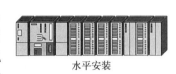

水平安装

垂直安装

图 1-2-21 S7-300 PLC 的安装形式

CPU 314/315/315-2 DP 最多可扩展 4 个机架，IM 360/IM 361 接口模块将 S7-300 背板总线从一个机架连接到下一个机架。

1. 单机架组态介绍

单机架组态时，除了电源模块以外，总线连接器将各个模块连接起来，装在一个单机架上的全部模块的 S7 背板总线上的电流不超过以下数值：一般不能超过 1.2A，如果选用 CPU 312 IFM，则不能超过 0.8A。图 1-2-22 所示为一台装有 6 个信号模块的单机架模块的单机架组态。

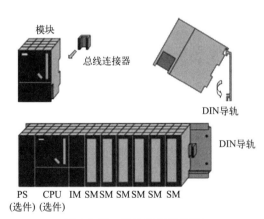

模块

总线连接器

DIN导轨

DIN导轨

PS CPU IM SM SM SM SM SM SM
（选件）（选件）

图 1-2-22 单机架组态连接

2. 多机架组态介绍

如需将 S7-300 安排到多个机架上，则需要接口模块（IM），接口模块将 S7-300 PLC 背面的总线从一个机架连接到下一个机架上，CPU 总是在 0 号机架上。

在多机架上安排模块规则：

① 接口模块总是在 3 号槽（槽 1——电源，槽 2——CPU，槽 3——接口模块）；

② 第一个信号模块的左边是接口模块；

③ 每个机架上不能超过 8 个信号模块，SM、FM、CP 这些模块总是在接口模块的右侧；

④ 能插入的模块数（SM、FM、CP）受 S7-300 背板总线允许提供的电流的限制。

（1）双机架组态

双机架组态如图 1-2-23 所示，采用两个 IM 365 模块，其中一个插入主机架，另一个插入扩展机架。通过 1m 长的固定连接电缆连接，扩展机架由 IM 365 供电。

（2）多机架组态

多机架组态如图 1-2-24 所示，使用 IM 360/IM 361 接口模块可扩展 3 个机架。中央机架使用 IM 360，扩展机架使用 IM 361，各机架电缆最长 10m，外部的 DC 24V 电源向 IM 361 及扩展机架所有模块供电，也可以通过电源连接器连接 PS 307 负载电源。

每个机架安装的信号模块、功能模块和通信模块不能超过 8 个，而且受背板总线 DC 5V 电流限制。0 号机架的 DC 5V 电源由 CPU 模块提供，其额定电流与 CPU 型号有关。扩展机架的背板总线的 DC 5V 由接口模块 IM 361 提供。

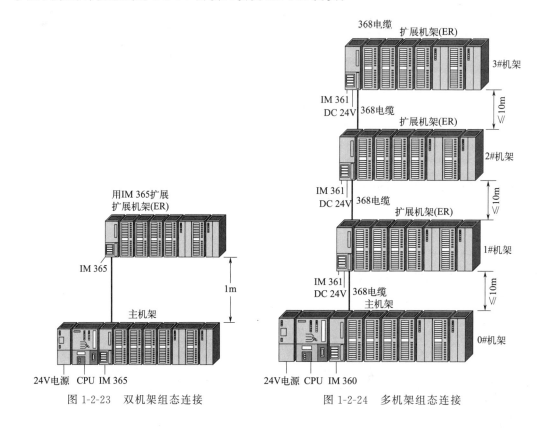

图 1-2-23　双机架组态连接　　　　图 1-2-24　多机架组态连接

知识点三　S7-300 PLC 的存储区

一、数据格式与基本数据类型

1. 数制

（1）二进制

二进制数的 1 位（bit）只有 0 和 1 两种取值，可用来表示开关量（或称数字量）的两种状态，如触点的断开和接通、线圈的通电和断电等。如果该位为 1，则表示梯形图中对应的编程元件的线圈"通电"，其常开触点接通，常闭触点断开；如果该位为 0，则表示梯形图中对应的编程元件的线圈"失电"，其常开触点断开，常闭触点接通。

二进制数常用 2♯ 表示，如 2♯1111 0110 1000 1011 是一个十六位的二进制数。

（2）十六进制

十六进制数的 16 个数字由 0～9 这 10 个数字以及 A（表示 10）、B（表示 11）、C（表示 12）、D（表示 13）、E（表示 14）、F（表示 15）6 个字母构成。在 SIMATIC 中，B♯16♯、W♯16♯、DW♯16♯ 分别用来表示十六进制字节、十六制字和十六进制双字常数，例如 W♯16♯3F。

（3）BCD 码

BCD 码是将一个十进制数的每一位都用 4 位二进制数表示的表示方法（即 0～9 分别用 0000～1001 表示，而剩余六种组合 1010～1111 则没有使用）。

十进制数可以方便地转换为 BCD 码，例如十进制 235 对应的 BCD 码为 0000 0010 0011 0101。

2. 基本数据类型

基本数据类型有很多种，用于定义不超过 32 位的数据，每种数据类型在分配存储空间时有确定的位数，如布尔型（BOOL）数据为 1 位，字节型（BYTE）数据为 8 位，字型（WORD）数据为 16 位，双字型（DWORD）数据为 32 位，如表 1-2-1 所示。

表 1-2-1　基本数据类型

基本数据类型	位数	说明
布尔型 BOOL	1	位，范围：0，1
字节型 BYET	8	字节，范围：0～255
字型 WORD	16	字，范围：0～65535
双字型 DWORD	32	双字，范围：$0 \sim (2^{32}-1)$
整型 INT	16	整数，范围：$-32768 \sim +32767$
双整型 DINT	32	双字整数，范围：$-2^{31} \sim (2^{31}-1)$
浮点型 REAL	32	实数，正数范围：$1.175495e^{-38} \sim 3.402823e^{+38}$ 负数范围：$-3.402823e^{+38} \sim -1.175495e^{-38}$

二、 CPU 存储区

CPU 的存储区包括 3 个基本区域，即装载存储区、工作存储区 RAM 和系统存储区，还有一定数量的临时本地数据存储区或称 L 堆栈（L 堆栈中的数据在程序块工作时有效，并一直保持，当新的块被调用时，L 堆栈重新被分配），还有两个累加器、两个地址寄存器、两个数据块地址寄存器、一个状态字寄存器、外设 I/O 存储区。S7-300 CPU 存储区如图 1-2-25 所示。

1. 系统存储区

系统存储区是 CPU 为用户程序数据提供的存储器，也集成在 CPU 内且不可扩展。

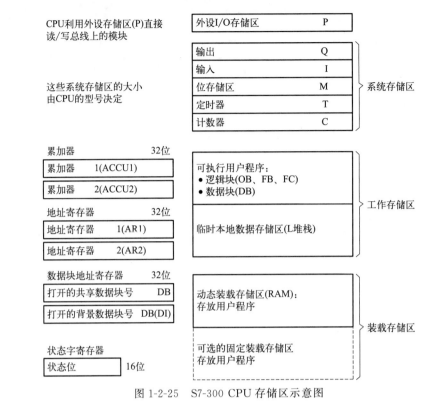

图 1-2-25　S7-300 CPU 存储区示意图

系统存储区分为若干区域，如过程映像 I/O 区、位存储区、定时器、计数器、堆栈区、诊断缓冲区以及临时存储区等，需保持的数据可在组态时设置，表 1-2-2 为程序可访问的存储区功能及标识符。

表 1-2-2　S7-300 系列 PLC 存储区功能及标识符

存储区域名称	存储区功能	访问方式	寻址范围	标识符	举例
输入映像寄存器(I)	在扫描循环的开始,操作系统从现场(又称过程)读取控制按钮、行程开关及各种传感器等送来的输入信号,并存入输入映像寄存器中,其每一位对应数字输入模块的一个输入端子	输入位	0.0～65535.7	I	I0.0
		输入字节	0～65535	IB	IB2
		输入字	0～65534	IW	IW4
		输入双字	0～65532	ID	ID10
输出映像寄存器(Q)	在扫描循环时间,逻辑运算的结果存入输出映像寄存器。在循环扫描结束前,操作系统从输出映像寄存器读出最终结果,并将其传送到数字量输出模块,直接控制 PLC 外部的指示灯、接触器、执行器等控制对象	输出位	0.0～65535.7	Q	Q1.2
		输出字节	0～65535	QB	QB10
		输出字	0～65534	QW	QW20
		输出双字	0～65532	QD	QD30
位存储区(M)	位存储区与 PLC 外部对象没有任何关系,其功能类似于继电器-接触器控制电路中的中间继电器,主要用来存储程序运算过程中的临时结果,可为编程提供无数量限制的触点,可以被驱动但不能直接驱动任何负载	存储位	0.0～255.7	M	M0.0
		存储字节	0～255	MB	MB10
		存储字	0～254	MW	MW20
		存储双字	0～252	MD	MD30
外部输入寄存器(PI)	通过外部输入寄存器,用户程序可以直接访问模拟量输入模块,以便接收来自现场的模拟量输入信号	外部输入字节	0～65535	PIB	PIB752
		外部输入字	0～65534	PIW	PIW752
		外部输入双字	0～65532	PID	PID500

续表

存储区域名称	存储区功能	访问方式		寻址范围	标识符	举例
外部输出寄存器(PQ)	通过外部输出寄存器,用户程序可以直接访问模拟量输出模块,以便将模拟量输出信号送给现场的执行器	外部输出字节		0~65535	PQB	PQB50
		外部输出字		0~65534	PQW	PQW60
		外部输出双字		0~65532	PQD	PQD70
定时器(T)	作为定时器指令使用,访问该存储区可获得定时器的剩余时间	定时器		0~255	T	T0
计数器(C)	作为计数器指令使用,访问该存储区可获得计数器的当前值	计数器		0~255	C	C10
数据块寄存器(DB 或 D)	本区域含有所有数据块的数据。可根据需要同时打开两个不同的数据块,可用OPN DB 打开一个数据块。在用 OPN DI 时,打开的是与功能块 FB 和系统功能块 SFB 相关联的背景数据块	用 OPN DB 指令	数据位	0.0~65535.7	DBX	DBX0.0
			数据字节	0~65535	DBB	DBB2
			数据字	0~65534	DBW	DBW20
			数据双字	0~65532	DBD	DBD30
		用 OPN DI 指令	数据位	0.0~65535.7	DIX	DIX10.5
			数据字节	0~65535	DIB	DIB10
			数据字	0~65534	DIW	DIW20
			数据双字	0~65532	DID	DID25
临时本地数据寄存器(L)	临时本地数据寄存器用来存储逻辑块(OB、FB 或 FC)中所使用的临时数据,一般作为中间暂存器。由于这些数据实际存放在本地数据堆栈(又称 L 堆栈)中,因此当逻辑块执行结束时,数据自然丢失	本地数据位		0.0~65535.7	L	L0.0
		本地数据字节		0~65535	LB	LB2
		本地数据字		0~65534	LW	LW10
		本地数据双字		0~65532	LD	LD20

2. 工作存储区

工作存储区是集成的高速存取 RAM 存储器,用于存储 CPU 运行时的用户程序和数据,为了保证程序执行的快速性和不过多地占用工作存储区,只有与程序执行有关的块被装入工作存储区。

复位 CPU 的存储区时,RAM 中的程序被清除,Flash EPROM 中的程序不会被清除。

它用于执行代码和处理用户程序数据。用户程序仅在工作存储区和系统存储区中运行。工作存储区主要存储 CPU 运行时的用户程序和数据,如 OB(组织块)、FB(功能块)、FC(功能)、DB(数据块)等。在 CPU 启动时,从装载存储区装入。工作存储区集成在 CPU 内且不可扩展,其容量及保持性与 CPU 型号有关。

3. 装载存储区

装载存储区可以是 RAM 或 Flash EPROM,用于存储用户程序和系统数据(组态、连接和模块参数等),但不包括符号地址赋值和注释。部分 CPU 有集成的装载存储区,有的需要用 MMC(微存卡)来扩展。CPU 31xC 的用户程序只能装入插入式的 MMC 中。断电时数据保存在 MMC 中,因此数据块的内容基本上被永久保留。

下载程序时,用户程序被下载到 CPU 的装载存储区中,CPU 把可执行部分复制到工作存储区中,符号表和注释保存在编程设备中。

三、直接寻址

1. 位寻址

位寻址是最小存储单元的寻址方式。寻址时，采用以下结构：存储区标识符＋位地址。例如：Q10.3。

Q：表示输出映像寄存器。

10：表示第十个字节；字节地址从 0 开始，最大值由该存储区的大小决定。

3：表示位地址为 3，位地址的取值范围是 0～7。

特别强调：在访问数据块时，如果没有预先打开数据块，可以采用数据块号加地址的方法，例如 DB1.DBX10.0 是指数据块号为 1 的第 10 个字节的第 0 位。

2. 字节寻址

字节寻址时，访问一个 8 位的存储区域。寻址时，采用以下结构进行寻址：存储区标识符＋字节地址。例如：MB0。

M：表示位存储区。

B：表示字节 BYTE。

0：表示第 0 个字节。

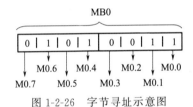

图 1-2-26　字节寻址示意图

其中，最低位的位地址为 M0.0，最高位的位地址为 M0.7。MB0 所指定的存储区的结构如图 1-2-26 所示。

3. 字寻址

字寻址时，访问一个 16 位的存储区域，包含两个字节。寻址时采用以下结构：存储区标识符＋第一字节地址。例如：IW10。

I：表示输入映像寄存器。

W：表示字 WORD。

10：表示从第 10 个字节开始，包括两个字节的存储空间，即 IB10 和 IB11。

IW10 所指定的存储区的结构如图 1-2-27 所示。

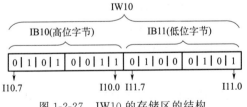

图 1-2-27　IW10 的存储区的结构

注意：对于字寻址，一个字中包含两个字节，但在表达时只指明其中数值小的那个字节的字节号。例如：MW2 包括 MB2 和 MB3 两个字节，而不是 MB1 和 MB2 两个字节。MW2 中，MB2 是高 8 位字节，MB3 是低 8 位字节。

4. 双字寻址

双字寻址时，访问一个 32 位的存储区域，包含 4 个字节。寻址时采用以下结构：存储区标识符＋第一字节地址。例如：MD20。

M：表示位存储区。

D：表示双字 DWORD。

20：表示从第 20 个字节开始，包括 4 个字节的存储空间。包括 MB20、MB21、MB22 和 MB23 四个字节。其中，MB20 为高字节，MB23 为低字节。MD20 所指定的存储区的结构如图 1-2-28 所示。

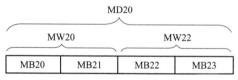

图 1-2-28　MD20 的存储区的结构

💡 **注意**：在访问存储区时，尽量避免地址重叠情况的发生。例如，MW20 与 MW21 都包含 MB21，因此，在使用字寻址时，尽量使用偶数，双字寻址时可采用偶数加 4。例如 MD0、MD4、MD8、MD12。

在 STEP7 中，若需要访问定时器或计数器，可采用以下结构进行访问：

① 定时器标识符（T）＋定时器号；

② 计数器标识符（C）＋计数器号。

例如 T0、T1、C0、C1 等，定时器和计数器的区域是独立的，因此使用 T0 后，完全可以使用 C0。

 思考与练习

一、填空题

1. S7-300 PLC 是模块式的 PLC，它由电源模块、_____、接口模块、信号模块、功能模块、通信模块组成。

2. S7-300 PLC 的一个机架最多可安装_____个信号模块，最多可扩展 4 个机架，硬件组态时电源模块总是在机架的 1 号槽，CPU 模块只能在 2 号槽，接口模块只能在 3 号槽。

3. 在 S7-300 电源模块中，PS 305 采用直流供电，PS 307 采用_____供电。

4. SIMATIC S7-300 系列 PLC 的硬件模块中，SM 是_____模块。

5. SIMATIC S7-300 系列 PLC 的硬件模块中，IM 是_____模块。

6. 数字量输入模块 SM 321 有_____输入型和交流输入型。

7. 数字量输出模块 SM 322 按照工作原理可以分为_____输出型、双向晶闸管输出型和继电器输出型。

8. S7-300 CPU 一般有三种工作模式（RUN、STOP、MRES），其中，RUN 为_____模式。

二、选择题

1. 在组装一套 S7-300 PLC 时，不需要总线连接器的模块是（　　）。

A. PS　　　　　　　B. CPU　　　　　　　C. SM　　　　　　　D. CP

2. S7-300 PLC 背板总线工作的电压是（　　）。

A. DC 5V　　　　　B. DC +12V　　　　　C. DC −12V　　　　D. DC 24V

3. S7-300 PLC 最多可以扩展的机架数、模块数为（　　）。

A. 1，7　　　　　　B. 4，32　　　　　　C. 4，44　　　　　　D. 21，300

4. S7-300 PLC 每个机架最多只能安装（　　）个信号模块、功能模块或通信处理模块。

A. 4　　　　　　　　B. 8　　　　　　　　C. 11　　　　　　　　D. 32

5. 不属于 PS 307 模块等级的额定电流是（　　）。

A. 2A　　　　　　　B. 5A　　　　　　　C. 7A　　　　　　　D. 10A

6. SM 321 是 S7-300 PLC 的（　　）模块。

A. AI　　　　　　　B. AO　　　　　　　C. DI　　　D. DO

7. SM 331 是 S7-300 PLC 的（　　）模块。

A. AI　　　　　　　B. AO　　　　　　　C. DI　　　　　　　D. DO

8. S7-300 中央机架的 4 号槽的 16 点数字量输出模块占用的字节地址为（　　）。

A. IB0 和 IB1　　　B. IW0　　　　　　　C. QB0 和 QB1　　　D. QW0

三、简答题

1. S7-300 PLC 模式选择开关有哪几种？功能是什么？

2. 用图形来表示 S7-300 PLC 数字量地址的确定。

3. 用图形来表示 S7-300 PLC 模拟量地址的确定。

4. 简述 S7-300 系列 PLC 的硬件组成。

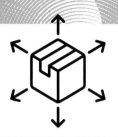

可编程控制器应用技术

第三章 STEP7编程软件

知识点一　STEP7 编程软件的构成

一、STEP7 标准软件包构成

STEP7 不是一个单一的应用程序，而是由一系列应用程序构成的软件包。图 1-3-1 显示了 STEP7 标准软件包中的主要工具。

图 1-3-1　STEP7 标准软件包的主要工具

二、SIMATIC 管理器

1. SIMATIC Manager 主界面

SIMATIC 管理器（SIMATIC Manager）提供了 STEP7 软件包的集成统一的界面。在 SIMATIC 管理器中进行项目的编程和组态，每一个操作所需的工具均由 SIMATIC Manager 自动运行，用户不需要分别启动各个不同的工具。

STEP7 安装完成后，在桌面上用鼠标左键双击 SIMATIC 管理器的图标，启动 SIMATIC Manager，运行界面如图 1-3-2 所示。SIMATIC Manager 中可以同时打开多个项目，每个项目的视图由两部分组成。左视图显示整个项目的层次结构，在右视图中显示左视图当前选中的目录下的所包含的对象。SIMATIC Manager 的菜单主要实现以下几类功能：

    ① 项目文件的管理；

    ② 对象的编辑和插入；

    ③ 程序下载、监控、诊断；

    ④ 视图、窗口排列、环境设置；

    ⑤ 在线帮助。

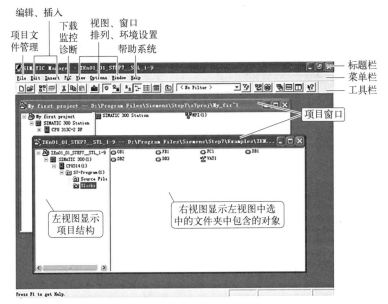

图 1-3-2　编程软件的运行界面

2. HW Config 硬件组态界面

"HW Config"一般翻译成"硬件组态"，STEP7 软件的硬件组态编辑器为用户提供组态实际 PLC 硬件系统的编辑环境，为自动化项目的硬件进行组态和参数设置。可以对 PLC 导轨上的硬件进行配置，设置各种硬件模块的参数，其界面如图 1-3-3 所示。

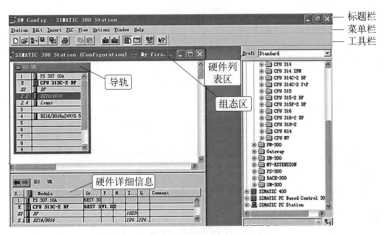

图 1-3-3　设置硬件模块的参数

3. LAD/STL/FBD 程序界面

该工具集成了梯形逻辑图 LAD、语句表 STL、功能块图 FBD 三种语言的编辑、编译和调试等功能。程序编辑器的界面如图 1-3-4 所示。

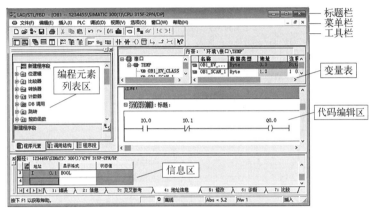

图 1-3-4　编辑、编译调试界面

STEP7 程序编辑器的界面主要由编程元素列表区、变量表、代码编辑区、信息区等构成。

（1）编程元素列表区

编程元素列表区根据当前使用的编程语言自动显示相应的编程元素，用户通过简单的鼠标拖拽或者双击操作就可以在程序中加入这些编程元素。用鼠标选中一个编程元素，按下"F1"键就会显示出这个元素的详细使用说明。

当使用 LAD 编程时，程序编辑器的工具栏上会出现常用的编程指令和程序结构控制的快捷按钮。图 1-3-5 显示了这些按钮的含义。

图 1-3-5　快捷按钮的含义

（2）变量表

STEP7 中有两类符号：全局符号和局部符号。全局符号是在整个用户程序范围内有效的符号，局部符号是仅仅作用在一个块内部的符号。表 1-3-1 列出了全局符号和局部符号的区别。在变量表中的数据为当前块使用的局部数据。对于不同的块，局部数据的类型又有不同。

表 1-3-1　全局符号和局部符号的含义

项目	全局符号	局部符号
有效范围	在整个用户程序中有效,可以被所有的块使用,在所有的块中含义是一样的,在整个用户程序中是唯一的	只在定义的块中有效。相同的符号可在不同的块中用于不同的目的

续表

项目	全局符号	局部符号
允许使用的字符	字母、数字及特殊字符，除 0x00,0xFF 及引号以外的强调号。 如使用特殊字符,则符号必须写在引号内	字母、数字、下划线
使用对象	可以为下列对象定义全局符号: I/O 信号(I,IB,IW,ID,Q,QB,QW,QD); I/O 输入与输出(PI,PQ); 存储位(M,MB,MW,MD); 定时器/计数器; 程序块(FB,FC,SFB,SFC); 数据块(DB); 用户定义数据类型(UDT); 变量表(VAT)	可以为下列对象定义局部符号: 块参数(输入、输出及输入/输出参数); 块的静态数据; 块的临时数据
定义位置	符号表	程序块的变量声明区

(3) 代码编辑区

用户使用 LAD、STL 或 FBD 编写程序的过程都是在代码编辑区进行的。STEP7 的程序代码可以划分为多个程序段，划分程序段可以让编程的思路和程序结构都更加清晰。在工具栏上单击按钮 ⊢⊣，可以插入一个新的程序段。

代码编辑区包含程序块的标题、块注释和各程序段，每个程序段中又包含段标题、段注释和该段内的程序代码。图 1-3-6 显示了程序代码编辑区的结构。

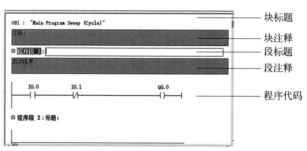

图 1-3-6　程序代码编辑区的结构

(4) 信息区

信息区有很多标签，每个标签对应一个子窗口。有显示错误信息的（1：错误），有显示地址信息的（4：地址信息），有显示诊断信息的（6：诊断），等等，如图 1-3-7 所示。

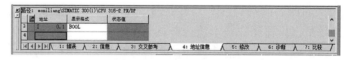

图 1-3-7　信息区的标签

4. 符号编辑器界面

在开始编程之前，将已经设计好的地址分配表键入符号编辑器中，即创建了一个符号表，这样可为以后的编程、修改和调试带来很多方便。

对于一个新项目，在 STEP7 程序目录下单击右键，在弹出的快捷菜单中选择"插入"→"符号表"可以新建一个符号表。在"示例项目"的"S7 程序（1）"目录下可以看到已经存在一个符号表"符号"，如图 1-3-8 所示。

图 1-3-8　创建符号表

双击"符号"图标，在符号编辑器中打开符号表。如图 1-3-9 所示。在符号编辑器中可以键入全局符号的名称、绝对地址、数据类型和注释。将鼠标移到符号表的最后一个空白行，可以向表中添加新的符号定义。将鼠标移到表格左边的标号处，选中一行，单击"Delete"键即可删除一个符号。STEP7 是一个集成的环境，因此在符号编辑器中对符号表所做的修改可以自动被程序编辑器识别。

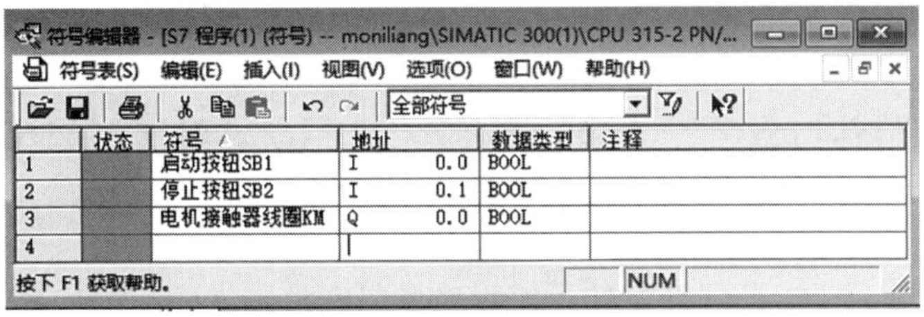

图 1-3-9　符号编辑器界面

在开始项目编程之前，首先花一些时间规划好用到的绝对地址，并创建一个符号表，可以为后面的编程和维护工作节省更多的时间。

5. Set PG/PC Interface 通信接口设置界面

PG/PC 接口是 PG/PC 和 PLC 之间进行通信连接的接口。PG/PC 支持多种类型的接口，每种接口都需要进行相应的参数设置（如通信波特率）。因此，要实现 PG/PC 和 PLC 设备之间的通信连接，必须正确地设置 PG/PC 接口。

STEP7 安装过程中，会提示用户设置 PG/PC 接口的参数。在安装完成之后，可以通过以下几种方式打开 PG/PC 接口设置对话框：找到 Windows 的控制面板→"Set PG/PC Interface"，或在 SIMATIC Manager 中，找到菜单项"Options"→"Set PG/PC Interface"。设置 PG/PC 接口的对话框如图 1-3-10 所示。设置步骤如下。

将"Access Point of the Application"（应用访问节点）设置为"S7ONLINE（STEP 7）"；在"Interface Parameter Assignment"（接口参数集）的列表中，选择所需的接口类型，如果没有所需类型，可以通过单击"Select"按钮安装相应的模块或协议；选中一个接口，单击"Properties"（属性）按钮，在弹出的对话框中，对该接口的参数进行设置，如图 1-3-11 所示。

接口硬件的中断和地址资源，由计算机的操作系统管理，如果使用 PC 和 MPI 或通信处理器（CP），则需要在 Windows 中检查中断和地址设置，以确保没有中断冲突和地址区重叠。

图 1-3-10 设置 PG/PC 接口

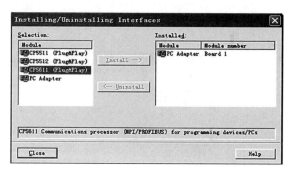

图 1-3-11 设置通信参数

6. NetPro 网络组态界面

该工具用于组态通信网络连接，包括以下功能：选择建立通信网络的类型（例如 MPI、PROFIBUS、工业以太网等），选择网络上连接的站点类型，设置通信连接、网络组态及进行通信连接的下载等。

知识点二　仿真软件 S7-PLCSIM

S7-PLCSIM 是西门子公司开发的可编程序控制器模拟软件，它在 STEP7 集成状态下实现无硬件模拟，也可以与 WinCC 一同集成于 STEP7 环境下实现上位机监控模拟，是学习 S7-300 必备的软件，不需要连接真实的设备即可仿真运行，直接安装即可。

S7-PLCSIM 提供多种视图对象，用它们可以实现对仿真 PLC 的各种变量、计数器和定时器的监视和修改。

一、仿真软件 S7-PLCSIM 工具栏

在 SIMATIC Manager 中，单击工具栏上的按钮，即可启动 S7-PLCSIM。启动 S7-PLCSIM 后，出现图 1-3-12 的界面。界面中有一个"CPU"窗口，它模拟了 CPU 的面板，具有状态指示灯和模式选择开关。

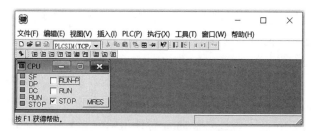

图 1-3-12 S7-PLCSIM 运行界面

1. 显示对象工具栏

显示对象工具栏中的按钮，可以显示或修改各类变量的值，各按钮的含义如图 1-3-13

所示。单击其中的按钮，会出现一个窗口，在该窗口中可以输入要监视、修改的变量名称。

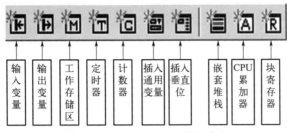

图 1-3-13 S7-PLCSIM 按钮含义

2. CPU 模式工具栏

CPU 模式工具栏可以选择 CPU 中程序的执行模式。连续循环模式与实际 CPU 正常运行状态相同；单循环模式下，模拟 CPU 只执行一个扫描周期，用户可以通过单击按钮进行下一次循环。无论在何种模式下，都可以通过单击按钮暂停程序的执行。

二、S7-PLCSIM 与真实 PLC 的差别

S7-PLCSIM 的下列功能在实际 PLC 上无法实现：程序暂停/继续功能；单循环执行模式；模拟 CPU 转为 STOP 状态时，不会改变输出；通过显示对象窗口修改变量值，会立即生效，而不会等到下一个循环；定时器手动设置过程映像区时，过程映像 I/O 会立即传送到外设 I/O。

另外，S7-PLCSIM 无法实现下列实际 PLC 具备的功能：少数实际系统中的诊断信息在 S7-PLCSIM 上无法仿真，例如电池错误；当从 RUN 变为 STOP 模式时，I/O 不会进入安全状态；不支持特殊功能模块，S7-PLCSIM 只模拟单机系统，不支持 CPU 的网络通信模拟功能。

知识点三 STEP7 软件的组态与操作

STEP7 软件的组态与操作过程可以按以下步骤进行操作：创建 STEP7 项目→插入 S7-300 工作站→硬件组态→编辑符号表→在 OB1 中创建程序→下载→运行调试。

接下来以三相电机启停的 PLC 控制为例，介绍 STEP7 软件的组态与操作。

1. 创建 STEP7 项目

项目管理器为用户提供了两种创建项目的方法：使用项目向导创建 STEP7 项目和手动创建项目。下面以手动创建项目来新建项目。

在桌面上双击图标，打开项目管理器，单击新建按钮 ，在新建项目窗口命名为"My_proj2"，单击"确定"，如图 1-3-14 所示。

在 SIMATIC Manager 项目管理器窗口，选中"My_proj2"，重命名为"电机启停控制"，如图 1-3-15 所示。

STEP7软件
实现电机启停
的PLC控制与
仿真调试

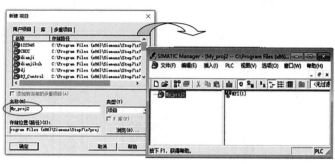

图 1-3-14　手动创建 STEP7 项目

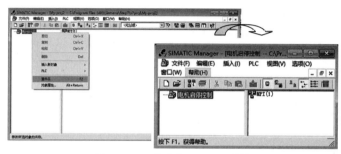

图 1-3-15　重命名 STEP7 项目

2. 插入 S7-300 工作站

在项目中，工作站代表了 PLC 的硬件结构，并包含用于组态和给各个模块进行参数分配的数据。使用菜单命令"插入"→"站点"→"SIMATIC 300 站点"，插入一个 SIMATIC 300 工作站，如图 1-3-16 所示。

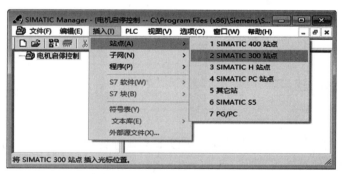

图 1-3-16　插入 S7-300 工作站

3. 硬件组态

硬件组态就是使用 STEP7 对 SIMATIC 工作站进行硬件配置和参数分配。所配置的内容以后可下载传送到硬件 PLC 中。组态步骤如下。

单击工作站图标 **SIMATIC 300(1)**，然后在右视图内双击硬件配置图标**硬件**，自动打开硬件配置窗口，如图 1-3-17 所示。

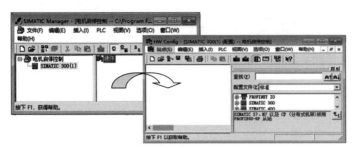

图 1-3-17 打开硬件配置窗口

（1）插入导轨

如果窗口右侧未出现硬件目录，可单击目录图标 显示硬件目录。然后单击 SIMATIC 300 左侧的 展开目录，并双击 RACK-300 子目录下的图标 Rail，插入一个 S7-300 的机架，如图 1-3-18 所示。由于本例所用模块较少，所以只扩展一个机架（导轨），且 3 号槽位不需要放置连接模块。

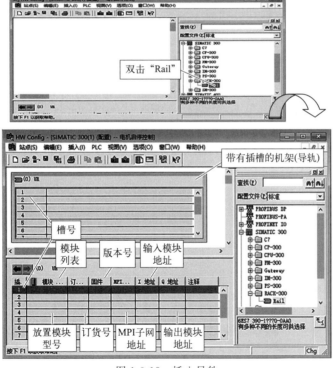

图 1-3-18 插入导轨

（2）插入电源模块

选中 1 号槽，插槽变成蓝色；双击电源模块"PS 307 5A"，选择电源模块。注意：订货号是模块之间互相区别的根本标志。如图 1-3-19 所示。

（3）插入 CPU 模块

选中 2 号槽，插槽变成蓝色；双击 CPU 模块 CPU 315F-2 PN/DP 版本号"V3.2"，如图 1-3-20 所示。

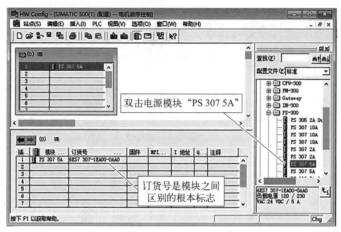

图 1-3-19　插入电源模块

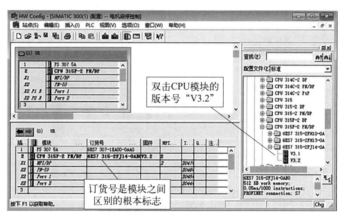

图 1-3-20　插入 CPU 模块

（4）接口模块

用于连接扩展机架的接口模块 IM，安装在 3 号槽位上。如果一个机架不够用，通过它可以进行扩展，由于本例中不用扩展，所以使其空闲。

（5）插入数字量信号模块

选中 4 号槽，插槽变成蓝色；双击 SM 模块中的"DI/DO-300"文件夹下的"SM 323 DI16/DO16x24V/0.5A"，插入数字量信号模块，如图 1-3-21 所示。

图 1-3-21　插入数字量信号模块

(6) 插入模拟量信号模块

选中 5 号槽，插槽变成蓝色；双击 SM 模块中的"AI/AO-300"文件夹下的"SM 334 AI4/AO2x8/8Bit"，插入模拟量信号模块，如图 1-3-22 所示。

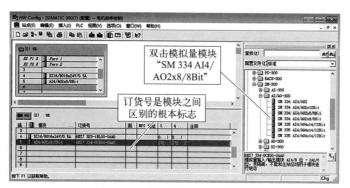

图 1-3-22　插入模拟量信号模块

4. 编辑符号表

在项目管理器的"S7 程序（1）"文件夹内，双击"符号"，打开符号编辑器，完成编辑后，单击 💾 保存，如图 1-3-23 所示

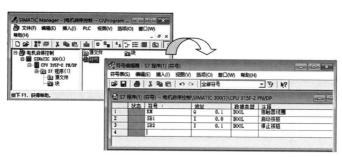

图 1-3-23　从 SIMATIC 管理器打开符号表

5. 在 OB1 中编辑 LAD 程序

OB1 为 CPU 的主循环组织块，如果 PLC 用户程序比较简单，可以在 OB1 内编辑整个程序。在项目管理器的"块"文件夹内，如果是创建项目后第一次双击 OB1 图标，则打开 OB1 属性窗口，如图 1-3-24 所示。在"常规-第 1 部分"选项卡内的"创建语言"区

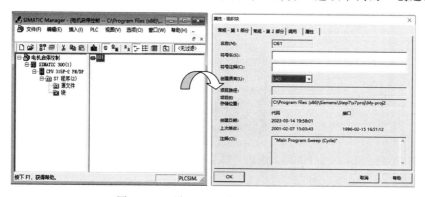

图 1-3-24　设置 OB1 编程语言为 LAD

域，单击下拉列表可选择编程语言"LAD"，单击"OK"按钮，自动启动程序编辑窗口，并打开 OB1。

在项目管理器的"块"文件夹内，双击 **OB1** 图标，采用 LAD 编程语言完成电机启停控制的程序编写。如图 1-3-25 所示。

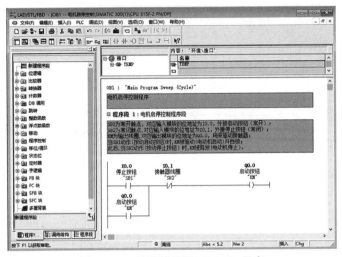

图 1-3-25　编写梯形图（LAD）程序

6. 下载和调试程序

为了测试前面所完成的 PLC 设计项目，必须将程序和模块信息下载到 PLC 的 CPU 模块。要实现编程设备与 PLC 之间的数据传送，首先应正确安装 PLC 硬件模块，然后用编程电缆（如 USB-MPI 电缆、PROFIBUS 总线电缆）将 PLC 与 PG/PC 连接起来，并打开 PS 307 电源开关。下载程序及模块信息后用 S7-PLCSIM 调试程序。

（1）下载程序及模块信息

具体步骤如下：

① 启动 SIMATIC Manager，并打开电机启停控制项目；

② 单击仿真工具按钮 📟 ，启动 S7-PLCSIM 仿真程序，如图 1-3-26 所示；

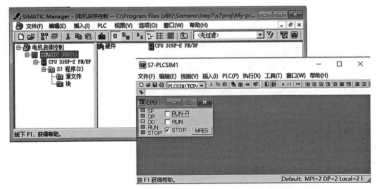

图 1-3-26　将 PLC 程序下载到 S7-PLCSIM 中

③ 将 CPU 工作模式开关切换到 STOP 模式；

④ 在项目窗口内选中要下载的工作站图标 SIMATIC 300(1)；

⑤ 单击下载按钮 ，将整个 S7-300 工作站（含用户程序和模块信息）下载到仿真器中。

（2）用 S7-PLCSIM 调试程序

调试程序可以在在线状态下进行，也可以在仿真环境下进行。下面介绍如何在仿真环境下完成程序的调试，具体步骤如下。

① 插入变量。在 S7-PLCSIM 窗口，使用菜单命令"插入"→"输入变量"，或者选择单击工具按钮 ，插入地址为 0 的字节型输入变量 IB；使用菜单命令"插入"→"输出变量"，或者单击输出工具按钮 ，插入地址为 0 的字节型输出变量 QB，如图 1-3-27 所示。

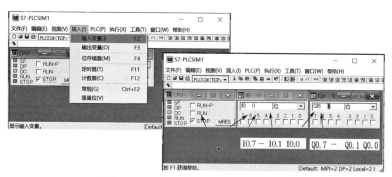

图 1-3-27　插入输入变量和输出变量

② 进入监视状态。双击项目下的 OB1，在程序编辑区中打开组织块 OB1，然后单击工具按钮 ，激活监视状态，如图 1-3-28 所示。

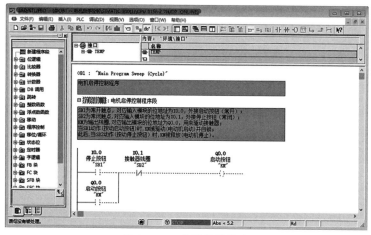

图 1-3-28　激活监视状态

③ 运行程序。在 S7-PLCSIM 窗口，将 CPU 模式切换到 RUN 模式，开始运行程序。在 LAD 程序中，监视界面下会显示信号流的状态和变量值，如图 1-3-28 所示，处在有效状态的元件显示为绿色高亮实线，处于无效状态的元件则显示为蓝色虚线。

如图 1-3-29 所示，若选取 I0.0 使 SB1 常开触点闭合，在监视窗口内可看到 SB1、

SB2 及 KM 高亮，Q0.0 会自动选取，这说明 KM 已经被驱动；取消选取 I0.0，然后选取 I0.1，在监视窗口内可以看到 KM 不再高亮，说明 KM 未被驱动。

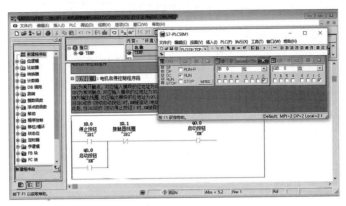

图 1-3-29　程序运行状态

 思考与练习

1. 简述 STEP7 标准软件包的组成。
2. 简述硬件组态过程。

第二篇　项目篇

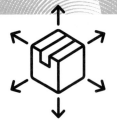

项目一
四组抢答器的设计与调试

可编程控制器应用技术

 项目要求

抢答器是利用技术手段实现公正的方式，因而，抢答器广泛应用在各种竞赛、抢答场合中，它能迅速、客观地分辨出最先获得发言权的选手，以保证比赛的公正、公平与公开。实现抢答器功能的方式有很多，可以采用早期的模拟电路、数字电路或单片机控制电路等，但是，近年来随着科技的飞速发展，PLC 的应用不断地走向深入，也带动了传统的控制技术的不断更新，因此本项目中使用 S7-300。

本项目采用 S7-300 PLC 设计一个四组抢答器，要求四组任意抢答，任意一组抢先按下抢答按键后，显示器能及时显示该组的编号，同时铃响，并锁住抢答器，使其他组的抢答按键无效，抢答器有复位开关，主持人按下复位按钮后，可再次进行抢答。显示器是一个七段数码显示器，如图 2-1-1 所示。

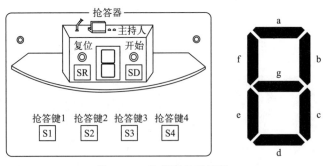

图 2-1-1　抢答器及显示器

 项目目标

① 理解并掌握位逻辑指令的含义及应用；

② 能够完成四组抢答器控制的设计，提高编程及调试能力；

③ 巩固加强 STEP7 编程软件的应用能力；

④ 树立社会主义核心价值观，培养理论联系实际的能力和勇于创新的精神。

知识准备　位逻辑指令的编程与应用

位逻辑指令使用 1 和 0 两个数字，将 1 和 0 两个数字称作二进制数字或位。在触点和线圈领域中，1 表示激活或激励状态，0 表示未激活或未激励状态。根据布尔逻辑对它们进行组合，这些组合会产生由 1 或 0 组成的结果，称作"逻辑运算结果"（RLO）。

STEP7 常用的位逻辑指令有：触点和线圈指令、基本位逻辑指令、置位和复位指令、触发器指令和跳变沿检测指令。

一、触点和线圈

在 LAD（梯形图）程序中，通常使用类似继电器控制电路中的触点符号及线圈符号来表示 PLC 的位元件，被扫描的操作数（用绝对地址或符号地址表示）则标注在触点符号的上方。

触点指令有两种：常开触点和常闭触点。触点指令如表 2-1-1 所示。

表 2-1-1　触点指令和操作数

指令名称	LAD 指令格式	操作数	数据类型	存储区	说明
常开触点	"位地址"　—┤├—	位地址	BOOL TIMER COUNTER	I、Q、M、L、D、T、C	指令将信号状态的结果放在 RLO，当信号状态是 1 时，表示触点接通
常闭触点	"位地址"　—┤/├—				

线圈输出指令有两种，一种是逻辑串赋值输出（输出线圈）指令，另一种是中间输出指令，线圈输出指令如表 2-1-2 所示。

表 2-1-2　输出指令和操作数

指令名称	LAD 指令格式	操作数	数据类型	存储区	说明
输出线圈	"位地址"　—( )—	位地址	BOOL	I、Q、M、L、D	逻辑串赋值输出
中间输出	"位地址"　—(#)—				中间结果赋值输出

1. 常开触点

常开触点的指令格式见表 2-1-1。

常开触点对应的存储器单元指定地址的位值是"1"时，触点将处于闭合状态。触点闭合时，梯形图轨道能流流过触点，逻辑运算结果（RLO）为"1"。

常开触点对应的存储器单元指定地址的位值是"0"时，触点将处于断开状态。触点断开时，能流不流过触点，逻辑运算结果（RLO）为"0"。

特别强调：与继电器-接触器控制电路不同，在梯形图中同一元件其常开触点的数量没有限制，可以多次使用。

2. 常闭触点

常闭触点的指令格式见表2-1-1。

常闭触点对应的存储器单元指定地址的位值是"0"时，触点将处于闭合状态。触点闭合时，梯形图轨道能流流过触点，逻辑运算结果（RLO）为"1"。

常闭触点对应的存储器单元指定地址的位值是"1"时，触点将处于断开状态。触点断开时，能流不流过触点，逻辑运算结果（RLO）为"0"。

特别强调：与继电器-接触器控制电路不同，在梯形图中同一元件其常闭触点的数量没有限制，可以多次使用。

3. 输出线圈

输出线圈指令

输出线圈的指令格式见表2-1-2。输出线圈的工作方式与继电器-接触器逻辑图中线圈的工作方式类似。如果有能流通过线圈（RLO＝1），将存储器单元指定地址的位值置为"1"；如果没有能流通过线圈（RLO＝0），将存储器单元指定地址的位值置为"0"。

特别强调：输出线圈指令只能出现在梯形图逻辑串的最右边。

梯形图及线圈输出时序图如图2-1-2所示。

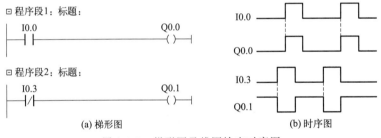

(a) 梯形图   (b) 时序图

图 2-1-2　梯形图及线圈输出时序图

① 动合触点 I0.0 动作闭合，线圈 Q0.0 通电；

② 动断触点 I0.3 动作断开，线圈 Q0.1 断电。

4. 中间输出

中间输出指令的格式见表2-1-2。在梯形图设计时，如果一个逻辑串很长不便于编辑时，可以将逻辑串分成多个段，前一段的逻辑运算结果（RLO）可作为中间输出，存储在位存储器（I、Q、M、L 或 D）中，该存储位可以当作一个触点出现在其他逻辑串中。

特别强调：中间输出指令只能放在梯形图逻辑串的中间，而不能出现在最左端或最右端。

中间输出指令的应用示例如图2-1-3所示，其等价的梯形图程序如图2-1-4所示。

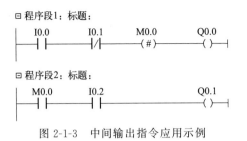

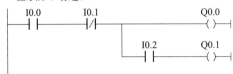

图 2-1-3 中间输出指令应用示例　　图 2-1-4 中间输出指令应用等价梯形图程序

5. 信号流取反指令

信号流取反指令的作用就是对逻辑串的 RLO 值进行取反，指令格式见表 2-1-3。当输入位 I0.0 动作和 I0.1 不动作时，Q0.0 信号状态为"0"；否则，Q0.0 信号状态为"1"。

表 2-1-3　信号流取反指令及说明

指令名称	LAD 指令格式	示例	说明
信号流取反	─┤NOT├─	I0.0　I0.1　　　Q0.0 ─┤├─┤/├─┤NOT├─( )─	对 RLO 值取反

二、基本逻辑指令

常用的基本逻辑指令有"与"、"与非"、"或"和"或非"指令。触点之间的与、或、非、异或等逻辑关系，可以方便地构造出多种梯形图，完成程序的设计。

1. 逻辑"与"和"与非"指令

① 逻辑"与"操作指令，用于动合（常开）触点的串联。

② 逻辑"与非"操作指令，用于动断（常闭）触点的串联。

逻辑"与"和"与非"使用的操作数存储区为：I、Q、M、L、D、T、C。逻辑"与"和"与非"指令及说明如表 2-1-4 所示。

表 2-1-4　逻辑"与"和"与非"指令及说明

指令名称	LAD 指令格式	示例	说明
逻辑"与"	"位地址1""位地址2" ─┤├─┤├─	I0.0　I0.1　　　Q0.0 ─┤├─┤├─( )─	动合（常开）触点的串联
逻辑"与非"	"位地址1""位地址2" ─┤/├─┤/├─	I0.0　M0.0　　　Q0.1 ─┤/├─┤/├─( )─	动断（常闭）触点的串联

2. 逻辑"或"和"或非"指令

① 逻辑"或"操作指令，用于动合（常开）触点的并联。

② 逻辑"或非"操作指令，用于动断（常闭）触点的并联。

逻辑"或"和"或非"使用的操作数存储区为：I、Q、M、L、D、T、C。逻辑"或"和"或非"指令及说明如表 2-1-5 所示。

表 2-1-5　逻辑"或"和"或非"指令及说明

指令名称	LAD指令格式	示例	说明
逻辑"或"	"位地址1" ├─┤ ├─┤ "位地址2" ├─┤ ├─┤	I0.1　　　　Q1.0 ├─┤ ├──────( )─┤ I0.2 ├─┤ ├─┤	动合（常开）触点的并联
逻辑"或非"	"位地址1" ├─┤/├─┤ "位地址2" ├─┤/├─┤	I0.1　　　　Q1.1 ├─┤/├──────( )─┤ M0.0 ├─┤/├─┤	动断（常闭）触点的并联

三、置位和复位指令

置位（S）和复位（R）指令根据 RLO 的值来决定操作数的信号状态是否改变。

对于置位指令，一旦 RLO 为"1"，则操作数的状态置"1"，即使 RLO 又变为"0"，输出仍保持为"1"；若 RLO 为"0"，则操作数的信号状态保持不变。

对于复位指令，一旦 RLO 为"1"，则操作数的状态置"0"，即使 RLO 又变为"0"，输出仍保持为"0"；若 RLO 为"0"，则操作数的信号状态保持不变。

置位（S）和复位（R）指令的 LAD 指令格式及参数说明如表 2-1-6 所示。

表 2-1-6　置位和复位指令格式及参数说明

指令名称	LAD指令格式	数据类型	存储区	说明
置位指令	"位地址" ──(S)──	BOOL	I、Q、M、L、D	位地址表示要进行 置位/复位操作的位
复位指令	"位地址" ──(R)──	BOOL	I、Q、M、L、D、T、C	

需要注意的是，在 LAD 中，置位和复位指令只能放在逻辑串的最右端，不能放在逻辑串的中间。置位和复位指令的时序图如图 2-1-5 所示。

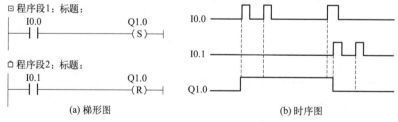

(a) 梯形图　　　　　　　　　　　(b) 时序图

图 2-1-5　置位和复位指令时序图

① 当 I0.0 动合触点接通时，线圈 Q1.0 通电（置 1）并保持该状态；

② 当 I0.1 动合触点闭合时，线圈 Q1.0 断电（置 0）并保持该状态。

例 2-1-1：如图 2-1-6 所示，在传送带的起点有两个按钮：用于启动的 S1 和用于停止的 S2。在传送带的尾端也有两个按钮：用于启动的 S3 和用于停止的 S4。要求能从任意一端启动或停止传送带。另外，当传送带上的物件到达末端时，传感器 S5 使传送带停止。

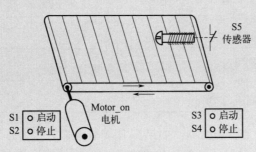

图 2-1-6 传送带控制示意图

PLC 的 I/O 地址分配如表 2-1-7 所示，PLC 的硬件接线图如图 2-1-7 所示，PLC 的梯形图控制程序如图 2-1-8 所示。

表 2-1-7 PLC 的 I/O 地址分配表

序号	元件符号	编程元件地址	说明
1	S1	I0.0	启动按钮
2	S2	I0.1	停止按钮
3	S3	I0.2	启动按钮
4	S4	I0.3	停止按钮
5	S5	I0.4	机械式位置传感器
6	Motor_on	Q0.0	传送带电机

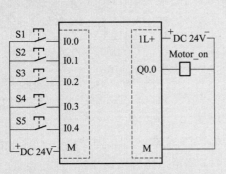

图 2-1-7 传送带控制硬件接线图

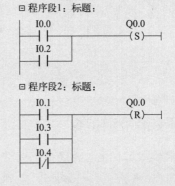

图 2-1-8 传送带控制梯形图程序

四、RS 触发器和 SR 触发器指令

STEP7 有两种触发器，RS 触发器和 SR 触发器。

这两种触发器指令均可实现对指定位地址的置位或复位。触发器可以用在逻辑串最右端，结束一个逻辑串；也可用在逻辑串中间，当作一个特殊触点，影响右边的逻辑操作结果。RS 触发器和 SR 触发器指令格式及参数说明见表 2-1-8。

表 2-1-8　RS 触发器和 SR 触发器指令格式及参数说明

指令名称	LAD 指令	数据类型	存储区	操作数	说明
RS 触发器	<地址> RS R Q S	BOOL	I、Q、M、L、D	<地址>	位地址表示要置位/复位的位
				S	置位输入端
SR 触发器	<地址> SR S Q R			R	复位输入端
				Q	与位地址对应的存储单元的状态

RS 触发器为置位优先型触发器，如果在 R 端输入的信号状态为 "1"，在 S 端输入的信号状态为 "0"，则 RS 触发器复位。如果在 R 端输入的信号状态为 "0"，在 S 端输入的信号状态为 "1"，则 RS 触发器置位。如果 R 和 S 端驱动信号同时为 "1"，触发器最终为置位状态。

SR 触发器为复位优先型触发器，如果在 R 端输入的信号状态为 "1"，在 S 端输入的信号状态为 "0"，则 SR 触发器复位。如果在 R 端输入的信号状态为 "0"，在 S 端输入的信号状态为 "1"，则 SR 触发器置位。如果 R 和 S 端驱动信号同时为 "1"，触发器最终为复位状态。

RS 触发器和 SR 触发器指令的时序图如图 2-1-9 所示。

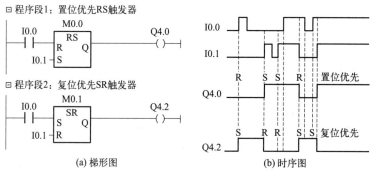

(a) 梯形图　　　　　(b) 时序图
图 2-1-9　RS 触发器和 SR 触发器指令时序图

五、跳变沿检测指令

当信号状态变化时就产生跳变沿，如果从 "0" 变到 "1"，则产生一个上升沿（也称正跳变）；如果从 "1" 变到 "0"，则产生一个下降沿（也称负跳变）。

STEP7 中有两类跳变沿检测指令，一种是对 RLO 的跳变沿检测的指令，另一种是对触点的跳变沿直接检测的梯形图方块指令。

1. RLO 边沿检测指令

RLO 边沿检测指令有两种类型：RLO 上升沿检测和 RLO 下降沿检测。RLO 边沿检测指令及说明见表 2-1-9。

表 2-1-9　RLO 边沿检测指令及说明

指令名称	LAD 指令	数据类型	存储区	操作数	说明
RLO 上升沿检测	"位地址" ——(P)——	BOOL	Q、M、D	位地址	边沿存储位,存储 RLO 的 上一信号状态
RLO 下降沿检测	"位地址" ——(N)——	BOOL	Q、M、D	位地址	边沿存储位,存储 RLO 的 上一信号状态

当 RLO 从 "0" 变到 "1" 时,上升沿检测指令在当前扫描周期以 RLO 为 "1" 表示其变化,而在其他扫描周期均为 "0"。在执行 RLO 上升沿检测指令前,RLO 的状态存储在位地址中。

当 RLO 从 "1" 变到 "0" 时,下降沿检测指令在当前扫描周期以 RLO 为 "1" 表示其变化,而在其他扫描周期均为 "0"。在执行 RLO 下降沿检测指令前,RLO 的状态存储在位地址中。

RLO 边沿检测指令的时序图如图 2-1-10 所示。

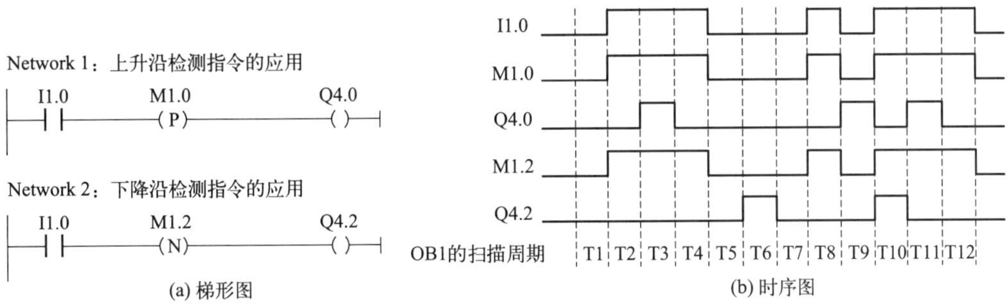

Network 1:上升沿检测指令的应用

```
I1.0        M1.0        Q4.0
——| |————————( P )————————( )——
```

Network 2:下降沿检测指令的应用

```
I1.0        M1.2        Q4.2
——| |————————( N )————————( )——
```

(a) 梯形图　　(b) 时序图

图 2-1-10　RLO 边沿检测指令时序图

对于上升沿检测指令,在 T1 周期若 CPU 检测到输入 I1.0 为 "0",并保存到 M1.0 中,在 T2 周期,CPU 若检测到输入 I1.0 为 "1",并保存到 M1.0 中,这说明检测到一个 RLO 的上升沿,同时使 RLO 为 "1",输出 Q4.0 的线圈在下一个周期内得电。

对于下降沿检测指令,在 T4 周期若 CPU 检测到输入 I1.0 为 "1",并保存到 M1.2 中,在 T5 周期,CPU 若检测到输入 I1.0 为 "0",并保存到 M1.2 中,这说明检测到一个 RLO 的下降沿,同时使 RLO 为 "1",输出 Q4.2 的线圈在下一个周期内得电。

RLO边沿检测
指令的应用

例 2-1-2:某台设备有两台电动机 M1 和 M2,其交流接触器分别连接 PLC 的输出继电器 Q0.0,Q0.1,启动按钮接 PLC 输入端 I0.0,停止按钮接输入端 I0.1。为了减小两台电动机同时启动对供电电路的影响,让 M2 稍迟片刻启动。

控制要求:按下启动按钮,M1 立刻启动,松开启动按钮,M2 才启动;按下停止按钮,M1 和 M2 同时停止。其 PLC 梯形图程序如图 2-1-11 所示。

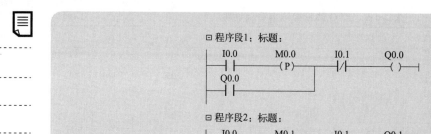

图 2-1-11 两台电动机控制 PLC 梯形图程序

2. 触点信号边沿检测指令

触点信号边沿检测指令有两种类型：触点信号上升沿检测指令和触点信号下降沿检测指令。触点信号边沿检测指令及说明见表 2-1-10。

表 2-1-10 触点信号边沿检测指令及说明

指令名称	LAD 指令	数据类型	存储区	说明
触点信号上升沿检测	"位地址1" POS Q "位地址2" — M_BIT	BOOL	I、Q、M、L、D	"位地址1"：被检测触点信号。 "位地址2"：边沿存储位。 Q：单触发输出
触点信号下降沿检测	"位地址1" NEG Q "位地址2" — M_BIT	BOOL		

触点信号上升沿检测指令：在 LAD 中以功能块表示，它有两个输入端，一个直接连接要检测的触点，另一个输入端 M_BIT 所接的位存储器上，存储上一个扫描周期触点的状态。有一个输出端 Q，当触点状态从"0"变到"1"时，输出端 Q 接通一个扫描周期。

触点信号下降沿检测指令：在 LAD 中以功能块表示，它有两个输入端，一个直接连接要检测的触点，另一个输入端 M_BIT 所接的位存储器上，存储上一个扫描周期触点的状态。有一个输出端 Q，当触点状态从"1"变到"0"时，输出端 Q 接通一个扫描周期。

触点信号边沿检测指令的时序图如图 2-1-12 所示。

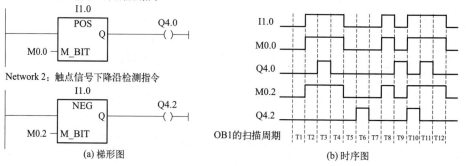

图 2-1-12 触点信号边沿检测指令时序图

例 2-1-3：设计故障信息显示电路，故障信号为 I0.0，灯控信号输出为 Q4.0，要求当系统故障输入有效时，指示灯开始以 1Hz 的频率闪烁（组态 MB10 为内部时钟频率）。当操作人员按下复位按钮 I0.1 时，如果此时故障信号已经消失，指示灯熄灭，如果故障信息依然存在，则指示灯变为常亮，直到故障消失。其 PLC 梯形图程序如图 2-1-13 所示。

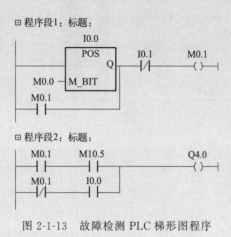

图 2-1-13 故障检测 PLC 梯形图程序

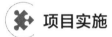 **项目实施**

步骤 1：根据四组抢答器控制要求，进行 I/O 地址分配，I/O 地址分配见表 2-1-11。

四组抢答器控制

表 2-1-11 四组抢答器及七段数码显示 I/O 地址分配

输入		输出	
I0.0	复位按钮	Q0.0	a 段
I0.1	按键 1	Q0.1	b 段
I0.2	按键 2	Q0.2	c 段
I0.3	按键 3	Q0.3	d 段
I0.4	按键 4	Q0.4	e 段
		Q0.5	f 段
		Q0.6	g 段

步骤 2：硬件 I/O 接线，如图 2-1-14 所示。

步骤 3：建立项目及编写符号表。

建立 STEP7 项目，并编写符号表，如图 2-1-15 所示。

步骤 4：编写控制程序。

程序设计如下：

第一组抢答时，M0.1＝1；则 M0.1 与 M0.2、M0.3 和 M0.4 形成输出互锁，其他组不能抢答，同时数码管 b 段与 c 段接通，显示"1"。

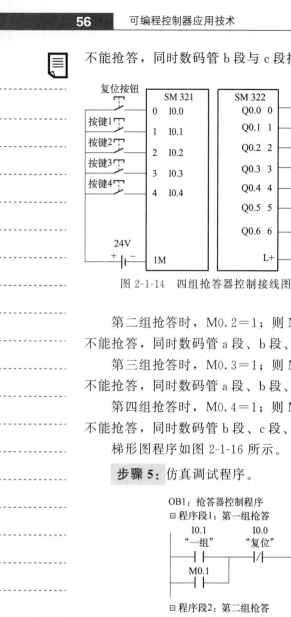

图 2-1-14　四组抢答器控制接线图

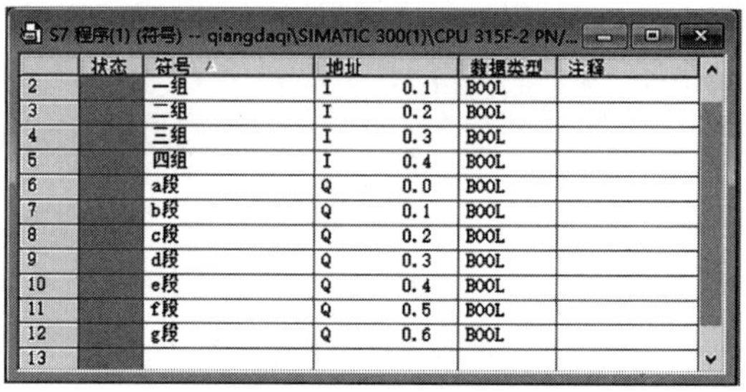

图 2-1-15　抢答器控制符号表

第二组抢答时，M0.2＝1；则 M0.2 与 M0.1、M0.3 和 M0.4 形成输出互锁，其他组不能抢答，同时数码管 a 段、b 段、d 段、e 段与 g 段接通，显示"2"。

第三组抢答时，M0.3＝1；则 M0.3 与 M0.1、M0.2 和 M0.4 形成输出互锁，其他组不能抢答，同时数码管 a 段、b 段、c 段、d 段和 g 段接通，显示"3"。

第四组抢答时，M0.4＝1；则 M0.4 与 M0.1、M0.2 和 M0.3 形成输出互锁，其他组不能抢答，同时数码管 b 段、c 段、f 段与 g 段接通，显示"4"。

梯形图程序如图 2-1-16 所示。

步骤 5：仿真调试程序。

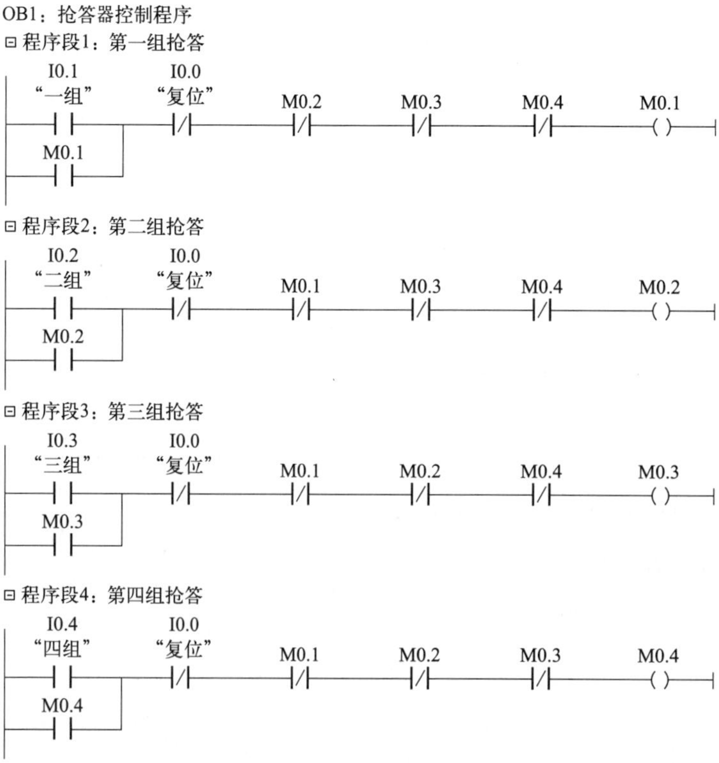

OB1：抢答器控制程序
□ 程序段1：第一组抢答

```
     I0.1        I0.0
    "一组"      "复位"    M0.2    M0.3    M0.4    M0.1
 ┌───┤├───┬───┤/├─────┤/├─────┤/├─────┤/├─────( )───┐
 │   M0.1  │
 └───┤├───┘
```

□ 程序段2：第二组抢答

```
     I0.2        I0.0
    "二组"      "复位"    M0.1    M0.3    M0.4    M0.2
 ┌───┤├───┬───┤/├─────┤/├─────┤/├─────┤/├─────( )───┐
 │   M0.2  │
 └───┤├───┘
```

□ 程序段3：第三组抢答

```
     I0.3        I0.0
    "三组"      "复位"    M0.1    M0.2    M0.4    M0.3
 ┌───┤├───┬───┤/├─────┤/├─────┤/├─────┤/├─────( )───┐
 │   M0.3  │
 └───┤├───┘
```

□ 程序段4：第四组抢答

```
     I0.4        I0.0
    "四组"      "复位"    M0.1    M0.2    M0.3    M0.4
 ┌───┤├───┬───┤/├─────┤/├─────┤/├─────┤/├─────( )───┐
 │   M0.4  │
 └───┤├───┘
```

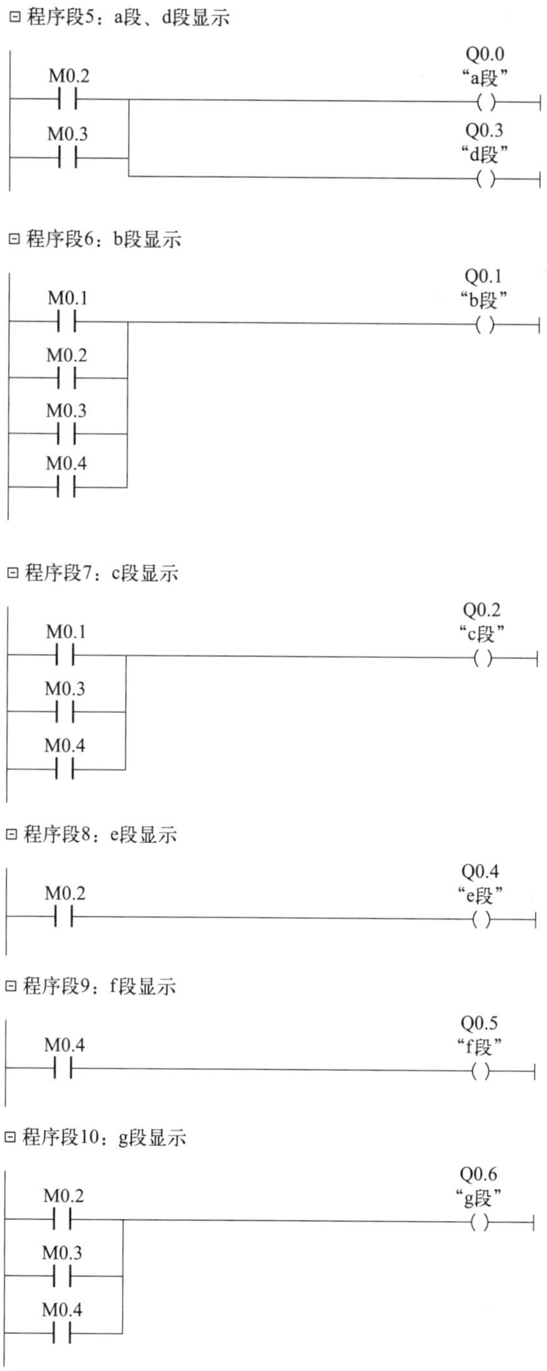

□ 程序段5：a段、d段显示

```
        M0.2                              Q0.0
                                          "a段"
        ─┤ ├──────────────────────────────( )──

        M0.3                              Q0.3
                                          "d段"
        ─┤ ├──────────────────────────────( )──
```

□ 程序段6：b段显示

```
        M0.1                              Q0.1
                                          "b段"
        ─┤ ├──────────────────────────────( )──

        M0.2
        ─┤ ├──

        M0.3
        ─┤ ├──

        M0.4
        ─┤ ├──
```

□ 程序段7：c段显示

```
        M0.1                              Q0.2
                                          "c段"
        ─┤ ├──────────────────────────────( )──

        M0.3
        ─┤ ├──

        M0.4
        ─┤ ├──
```

□ 程序段8：e段显示

```
        M0.2                              Q0.4
                                          "e段"
        ─┤ ├──────────────────────────────( )──
```

□ 程序段9：f段显示

```
        M0.4                              Q0.5
                                          "f段"
        ─┤ ├──────────────────────────────( )──
```

□ 程序段10：g段显示

```
        M0.2                              Q0.6
                                          "g段"
        ─┤ ├──────────────────────────────( )──

        M0.3
        ─┤ ├──

        M0.4
        ─┤ ├──
```

图 2-1-16　四组抢答器控制梯形图程序

　　打开 S7-PLCSIM，将所有的逻辑块下载到仿真 PLC 中，将仿真切换到"RUN"模式，打开变量表 VAT1 表。单击工具栏上的监控按钮，启动程序状态监视功能，程序仿真结果如图 2-1-17 所示。

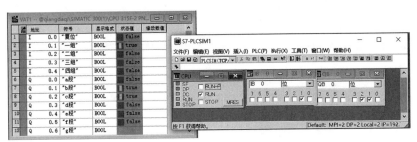

图 2-1-17　四组抢答器控制仿真运行

项目评价

项目评价见附录的项目考核评价表。

思考与练习

一、选择题

1. 在一个控制过程中，传感器是使用常开触点还是常闭触点和该过程的安全要求有关系，通常限位开关和安全开关总是采用（　　）。

　A. 常开触点　　　　　　B. 常闭触点　　　　　　C. 都可以　　　　　　D. 都要用

2. STEP7 标准版配置的三种基本的编程语言为（　　）。

　A. STL、FBD、LAD　　　　　　　　　　B. SFC、LAD、STL

　C. STL、LAD、Graph　　　　　　　　　D. CFC、LAD、STL

3. S7-300 系列 PLC 中常开触点的串联表示逻辑（　　）运算。

　A. 或　　　　　　　　　B. 异或　　　　　　　　C. 与　　　　　　　　D. 非

4. 自锁触点正确连接的是（　　）。

　A. 与自身 KM 线圈所在电路的启动元件并联

　B. 与自身 KM 线圈所在电路的启动元件串联

　C. 与热保触点并联

　D. 与热保触点串联

5. 互锁触点正确连接的是（　　）。

　A. 与自身 KM 线圈所在电路串联　　　　　B. 与自身 KM 线圈并联

　C. 与另一个 KM 线圈并联　　　　　　　　D. 与另一个 KM 线圈所在电路串联

二、思考题

1. 用按钮 SB1、SB2 控制电机 M，SB1 通一下，电机启动，且一直转，SB2 通一下电机停。试进行地址分配及梯形图设计。

2. 煤矿通风管道有三台电机 I0.0、I0.1、I0.2，当两台或三台电机运行时，表示运行正常，此时状态指示灯绿灯 Q0.0 亮，当一台电机运行时，状态指示灯黄灯 Q0.1 亮，以示警告，当三台电机都不运行时，状态指示灯红灯 Q0.2 亮，以示报警。试编写控制程序。

项目二
交通灯控制系统的设计与调试

可编程控制器应用技术

项目要求

交通信号灯的出现，使交通得以有效管制，对于疏导交通流量、提高道路通行能力、减少交通事故有明显效果。1968 年，联合国《道路交通和道路标志信号协定》对各种信号灯的含义作了规定：绿灯是通行信号，红灯是禁行信号，黄灯是警告信号。此后，这一规定在全世界开始通用。

由于 PLC 具有环境适应性强的特性，其内部定时器资源十分丰富，可对目前普遍使用的渐进式信号灯进行精确控制，因此现在越来越多地将 PLC 应用于交通灯控制系统中，其示意图如图 2-2-1 所示。

图 2-2-1　交通灯控制系统示意图

结合交通灯控制系统的工作原理，采用 S7-300 PLC 设计一种简单实用的十字路口交通灯控制系统，控制要求如下：

① 该控制系统设有启动和停止按钮 SB1、SB2，用于控制系统的启动与停止。

② 交通灯显示方式：当东西方向红灯亮时，南北方向绿灯亮，当绿灯亮到设定时间25s 时，绿灯闪烁 3s（1s/次），然后黄灯亮 2s；当南北方向黄灯熄灭后，东西方向绿灯亮，南北方向红灯亮，当东西方向绿灯亮到设定时间 25s 时，绿灯闪烁 3s（1s/次），然后黄灯亮 2s；当东西方向黄灯熄灭后，再转回东西方向红灯亮，南北方向绿灯亮，……周而复始，不断循环。时序图如图 2-2-2 所示。

③ 根据控制要求，绘制硬件接线图，完成 PLC 的硬件组态，编制控制程序并下载、调试和运行程序。

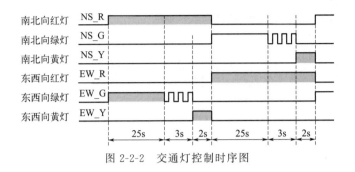

图 2-2-2 交通灯控制时序图

项目目标

① 理解并掌握 S7-300 PLC 的定时器指令的含义及应用；
② 掌握访问 CPU 时钟存储器的方法；
③ 能够完成交通灯控制系统的设计，提高编程及调试能力；
④ 培养严谨认真的工作态度，提高安全意识。

知识准备　定时器指令及应用

PLC 中的定时器类似于继电器-接触器控制电路中的时间继电器，在 S7 CPU 的存储器中，为每个定时器留有一个 16 位定时字和一个二进制位存储空间。STEP7 指令最多支持 256 个定时器，不同的 CPU 模块所支持的定时器数目在 64～512 之间不等，如 CPU 314 为 T0～T127（共 128 个），究竟它属于哪种定时器类型由对它所用的指令决定。

S5TIME 是 STEP7 中常用定时器指令的时间数据格式，数据类型长度为 16 位，包括时基和时间常数两部分，时间常数采用 BCD 码。S5TIME 时间数据类型结构如图 2-2-3 所示。

| ×× | 01 | 0001 | 0101 | 0000 |

无关　时基　时间BCD码（1～999）

图 2-2-3　S5TIME 时间数据类型结构图

S5TIME 的时间值计算公式为：时间值＝时基×时间常数（BCD 码）。时基如表 2-2-1 所示，因此图 2-2-3 所表示的时间为：$100ms×150＝15000ms$。

表 2-2-1　S5TIME 的时基

时基	时基的二进制代码	分辨率	定时范围
10ms	00	0.01	10ms～9.99s
100ms	01	0.1	100ms～99.9s（1min39s900ms）
1s	10	1	1s～999s（16min39s）
10s	11	10	10s～9990s（2h46min30s）

预装时间时，采用的格式为 S5T♯aaH_bbM_ccS_ddMS。其中，aa 表示多少时、bb

表示多少分、cc 表示多少秒、dd 表示多少毫秒。由时间存储的格式可以算出，采用这个格式可以预装的时间值，最大为 9990s，也就是 S5TIME 时间数据类型的取值范围为 S5T♯10MS～S5T♯2H_46M_30S_0MS。注意：由于时间格式的原因，当时基为 10s 时，就不能分辨 50ms 了。

在 STEP7 指令中有五类不同形式的定时器，适用于不同的程序控制中：

① S_PULSE（脉冲定时器）；

② S_PEXT（扩展脉冲定时器）；

③ S_ODT（接通延时定时器）；

④ S_ODTS（保持型接通延时定时器）；

⑤ S_OFFDT（断电延时定时器）。

一、S_PULSE（脉冲定时器）

S_PULSE（脉冲定时器）指令有两种形式：块图指令和 LAD 环境下的定时器线圈指令。

1. S_PULSE 块图指令

（1）指令格式

S_PULSE 块图指令的 LAD 指令格式及参数说明如表 2-2-2 所示。

表 2-2-2　S_PULSE 块图指令说明

LAD 符号	参数	数据类型	说明	存储区
	Tno	TIMER	要启动的计时器号，如 T0	T
	S	BOOL	启动输入端	
	TV	S5TIME	定时时间（S5TIME 格式）	
	R	BOOL	复位输入端	I、Q、M、D、L
	Q	BOOL	定时器的输出	
	BI	WORD	剩余时间显示或输出（整数格式）	
	BCD	WORD	剩余时间显示或输出（BCD 码格式）	

表中各符号的含义如下：

① Tno 为定时器的编号，其范围与 CPU 的型号有关。

② S 为启动信号，当 S 端出现上升沿时，启动指定的定时器。

③ R 为复位信号，当 R 端出现上升沿时，定时器复位，当前值清 "0"

④ TV 为设置时间值输入，最大设置时间为 9990 或 2H_46M_30S_0MS，输入格式按 S5 系统时间格式，如 S5T♯100S、S5T♯10MS、S5T♯2M1S、S5T♯1H2M3S 等。

⑤ Q 为定时器输出，定时器启动后，剩余时间非 0 时，Q 输出为 "1"；定时器停止或剩余时间为 "0" 时，Q 输出为 "0"。该端可以连接位存储器，如 Q4.0 等，也可以悬空。

⑥ BI 为剩余时间显示或输出（整数格式），采用十六进制，如 16♯0023、16♯00ab 等。该端可以接各种字存储器，如 MW0、QW2 等，也可以悬空。

⑦ BCD 为剩余时间显示或输出（BCD 码格式），采用 S5 系统时间格式，该端可以接各种字存储器，如 MW0、MW2 等，也可以悬空。

（2）指令使用说明

如果在输入端 S 有一个上升沿，S_PULSE 将启动指定的定时器。定时器在输入端 S 的信号状态为"1"时运行，但最长周期是由输入端 TV 指定的时间值。只要定时器运行，输出端 Q 的信号状态就为"1"。如果在时间间隔结束前，输入端 S 的信号状态从"1"变为"0"，则定时器停止。这种情况下，输出端 Q 的信号状态为"0"。

如果在定时器运行期间定时器复位 R 输入的信号状态从"0"变为"1"，则定时器将被复位，当前时间和时间基准也被设置为"0"。如果定时器不是正在运行，则定时器输入端 R 的逻辑"1"没有任何作用。

（3）脉冲定时器时序图

脉冲定时器时序图如图 2-2-4 所示（t 为设定时间）。

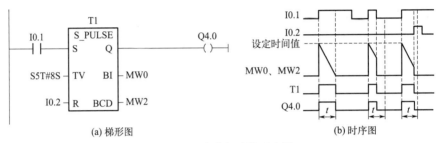

(a) 梯形图　　　　　　　　　　　(b) 时序图

图 2-2-4　脉冲定时器时序图

例 2-2-1： 合上开关 SA（I0.0），指示灯 L（Q0.0）亮 9s 后自动熄灭。其梯形图控制程序如图 2-2-5 所示。

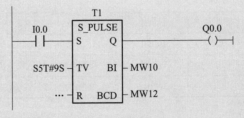

图 2-2-5　指示灯自动熄灭梯形图程序

2. S_PULSE 线圈指令

脉冲定时器线圈指令的 LAD 指令格式及参数说明如表 2-2-3 所示。

表 2-2-3　脉冲定时器线圈指令说明

LAD 符号	参数	数据类型	存储区	说明
Tno —(SP)— 定时时间	Tno	TIMER	T	定时器标志号，范围取决于 CPU
	定时时间	S5TIME	I、Q、M、L、D	预设时间值

如果 RLO 状态有一个上升沿，脉冲定时器线圈将以该"定时时间"启动指定的定时器。只要 RLO 为"1"，定时器就继续运行指定的时间间隔。只要定时器运行，定时器的信号状态就为"1"。

如果在达到时间值前，RLO 中的信号状态从"1"变为"0"，则定时器停止。

例 2-2-2： 脉冲定时器线圈的应用如图 2-2-6 所示。

如果输入端 I0.0 的信号状态从"0"变为"1"（RLO 中的上升沿），则定时器 T0 启动。只要输入端 I0.0 的信号状态为"1"，定时器就继续运行指定的 10s 时间。

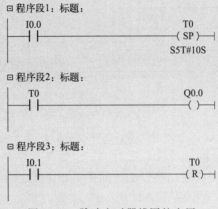

图 2-2-6　脉冲定时器线圈的应用

如果在指定的时间结束前输入端 I0.0 的信号状态从"1"变为"0"，则定时器停止。

例 2-2-3： 用脉冲定时器构成一脉冲发生器。当按钮 SB1（I0.0）按下时，输出指示灯 H1（Q0.0）以亮 1s、灭 2s 的规律交替进行闪烁，按下停止按钮 SB2（I0.1），指示灯立即灭，其梯形图控制程序如图 2-2-7 所示。

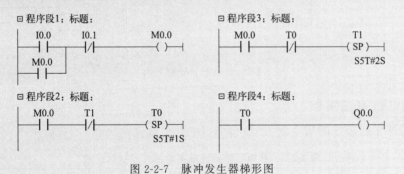

图 2-2-7　脉冲发生器梯形图

二、S_PEXT（扩展脉冲定时器）

S_PEXT（扩展脉冲定时器）指令有两种形式：块图指令和 LAD 环境下的定时器线圈指令。

1. S_PEXT 块图指令

（1）指令格式

S_PEXT 块图指令的 LAD 指令格式及参数说明如表 2-2-4 所示。

脉冲定时器指令

表 2-2-4　S_PEXT 块图指令格式及参数说明

LAD	参数	数据类型	存储区	说明
	Tno	TIMER	T	要启动的计时器号,如 T0
	S	BOOL		启动输入端
	TV	S5TIME		定时时间(S5TIME 格式)
	R	BOOL	I、Q、M、D、L	复位输入端
	Q	BOOL		定时器的输出
	BI	WORD		剩余时间显示或输出(整数格式)
	BCD	WORD		剩余时间显示或输出(BCD 码格式)

(2) 指令使用说明

如果在输入端 S 有一个上升沿,S_PEXT 将启动指定的定时器。定时器以在输入端 TV 指定的预设时间间隔运行,即使在时间间隔结束前,输入端 S 的信号状态变为 "0",只要定时器运行,输出端 Q 的信号状态就为 "1"。如果在定时器运行期间输入端 S 的信号状态从 "0" 变为 "1",则将使用预设的时间值重新启动定时器。

如果在定时器运行期间复位输入端 R 从 "0" 变为 "1",则定时器复位。当前时间和时间基准被设置为 "0"。

(3) 时序图

扩展脉冲定时器时序图如图 2-2-8 所示(t 为设定时间)。

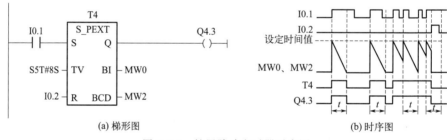

(a) 梯形图　　　　　　　　(b) 时序图

图 2-2-8　扩展脉冲定时器时序图

2. S_PEXT 线圈指令

扩展脉冲定时器线圈指令的 LAD 指令格式及参数说明如表 2-2-5 所示。

表 2-2-5　脉冲定时器线圈指令格式及参数说明

LAD	参数	数据类型	存储区	说明
Tno —(SE)— 定时时间	Tno	TIMER	T	定时器标志号,范围取决于 CPU
	定时时间	S5TIME	I、Q、M、L、D	预设时间值

如果 RLO 状态有一个上升沿,扩展脉冲定时器线圈将以指定的时间值启动指定的定时器。定时器继续运行指定的时间间隔,即使定时器达到指定时间前 RLO 变为 "0"。只要定时器运行,定时器的信号状态就为 "1"。

如果在定时器运行期间 RLO 从 "0" 变为 "1",则将以指定的时间值重新启动定时器(重新触发)。

例 2-2-4：按动启动按钮 SB1（I0.0），电机 M（Q0.0）立即启动，延时 5min 以后自动关闭。启动后，按动停止按钮 SB2（I0.1），电机立即停机。梯形图控制程序如图 2-2-9 所示。

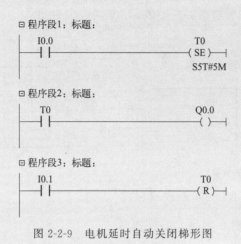

图 2-2-9　电机延时自动关闭梯形图

扩展脉冲定时器
指令应用

三、S_ODT（接通延时定时器）

S_ODT（接通延时定时器）有两种指令形式：块图指令和 LAD 环境下的定时器线圈指令。

1. S_ODT（接通延时定时器）块图指令

（1）指令格式

S_ODT 块图指令的 LAD 指令格式及参数说明如表 2-2-6 所示。

表 2-2-6　S_ODT 块图指令格式及参数说明

LAD	参数	数据类型	说明	存储区
	Tno	TIMER	要启动的计时器号，如 T0	T
	S	BOOL	启动输入端	
	TV	S5TIME	定时时间（S5TIME 格式）	
	R	BOOL	复位输入端	
	Q	BOOL	定时器的状态	I、Q、M、D、L
	BI	WORD	剩余时间显示或输出（整数格式）	
	BCD	WORD	剩余时间显示或输出（BCD 码格式）	

（2）指令使用说明

如果在输入端 S 有一个上升沿，接通延时定时器将启动指定的定时器。只要输入端 S 的信号状态为"1"，定时器就以在输入端 TV 指定的时间间隔运行。定时器达到指定时间而没有出错，并且输入端 S 的信号状态仍为"1"时，输出端 Q 的信号状态为"1"。

如果定时器运行期间输入端 S 的信号状态从"1"变为"0"，定时器将停止。这种情况下，输出端 Q 的信号状态为"0"。

接通延时
定时器指令

如果在定时器运行期间复位输入端 R 从 "0" 变为 "1"，则定时器复位。当前时间和时间基准被设置为 "0"。然后，输出端 Q 的信号状态变为 "0"。如果在定时器没有运行时输入端 R 有一个逻辑 "1"，并且输入端 S 的 RLO 为 "1"，则定时器也复位。

（3）时序图

接通延时定时器时序图如图 2-2-10 所示（t 为设定时间）。

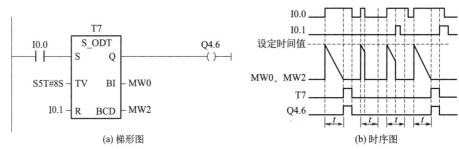

(a) 梯形图　　　　　　　　　　　　(b) 时序图

图 2-2-10　接通延时定时器时序图

2. S_ODT（接通延时定时器）线圈指令

接通延时定时器线圈指令的 LAD 指令格式及参数说明如表 2-2-7 所示。

表 2-2-7　接通延时定时器线圈指令格式及参数说明

LAD	参数	数据类型	存储区	示例
Tno —(SD)— 定时时间	Tno	TIMER	T	定时器标志号，范围取决于 CPU
	定时时间	S5TIME	I、Q、M、L、D	预设时间值

如果 RLO 状态有一个上升沿，接通延时定时器线圈将以该时间值启动指定的定时器。如果达到该时间值而没有出错，且 RLO 仍为 "1"，则定时器的信号状态为 "1"。

如果在定时器运行期间 RLO 从 "1" 变为 "0"，则定时器复位。

例 2-2-5：采用接通延时定时器构成脉冲发生器，如图 2-2-11 所示，当满足一定条件时，能够输出一定频率和一定占空比的脉冲信号。工艺要求：当合上开关 S1（I0.0）时，输出指示灯 H1（Q0.0）以灭 2s、亮 1s 规律交替进行。梯形图控制程序如图 2-2-12 所示。

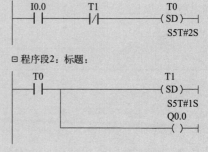

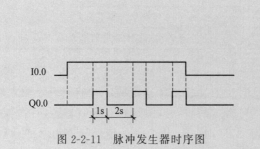

图 2-2-11　脉冲发生器时序图　　　　图 2-2-12　脉冲发生器梯形图控制程序

例 2-2-6：有三台电机 M1、M2、M3，按下启动按钮 SB1 后 M1 立即启动，延时 5s 后 M2 启动，再延时 10s 后 M3 启动，按下停止按钮 SB2 后，三台电机全部停止。设计满足要求的梯形图程序。

I/O 地址分配及接线图如图 2-2-13 所示。I0.0 为启动按钮，I0.1 为停止按钮。Q0.0～Q0.2 分别控制 3 台电机。PLC 控制梯形图如图 2-2-14 所示。

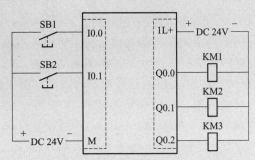

图 2-2-13　三台电机顺序启动 I/O 接线图

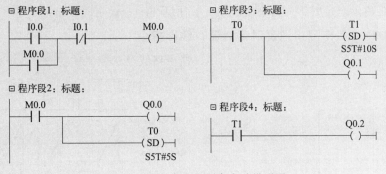

图 2-2-14　三台电机顺序启动梯形图

四、S_ODTS（保持型接通延时定时器）

S_ODTS（保持型接通延时定时器）有两种指令形式：块图指令和 LAD 环境下的定时器线圈指令。

1. S_ODTS（保持型接通延时定时器）块图指令

（1）指令格式

S_ODTS 块图指令的 LAD 指令格式及参数说明如表 2-2-8 所示。

表 2-2-8　S_ODTS 块图指令格式及参数说明

LAD	参数	数据类型	说明	存储区
Tno S_ODTS S—Q 时间值—TV BI—… …—R BCD—…	Tno	TIMER	要启动的计时器号，如 T0	T
	S	BOOL	启动输入端	
	TV	S5TIME	定时时间（S5TIME 格式）	I、Q、M、D、L
	R	BOOL	复位输入端	

续表

LAD	参数	数据类型	说明	存储区
Tno S_ODTS S Q 时间值—TV BI … … —R BCD …	Q	BOOL	定时器的状态	I、Q、M、D、L
	BI	WORD	剩余时间显示或输出（整数格式）	
	BCD	WORD	剩余时间显示或输出（BCD 码格式）	

（2）指令使用说明

如果在输入端 S 有一个上升沿，保持型接通延时定时器将启动指定的定时器。定时器以在输入端 TV 指定的时间间隔运行，即使在时间间隔结束前，输入端 S 的信号状态变为"0"。定时器预定时间结束时，输出端 Q 的信号状态为"1"，而无论输入端 S 的信号状态如何。如果在定时器运行时输入端 S 的信号状态从"0"变为"1"，则定时器将以指定的时间重新启动（重新触发）。

如果复位输入端 R 从"0"变为"1"，则无论输入端 S 的 RLO 如何，定时器都将复位。然后，输出端 Q 的信号状态变为"0"。

（3）时序图

保持型接通延时定时器时序图如图 2-2-15 所示（t 为设定时间）。

-- 保持型接通
延时定时器指令

2．S_ODTS（保持型接通延时定时器）线圈指令

保持型接通延时定时器线圈指令的 LAD 指令格式及参数说明如表 2-2-9 所示。

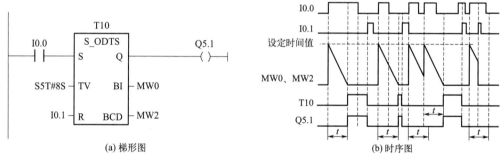

(a) 梯形图　　　　　　　　　　(b) 时序图

图 2-2-15　S_ODTS 时序图

表 2-2-9　保持型接通延时定时器线圈指令格式及参数说明

LAD	参数	数据类型	存储区	示例
Tno —(SS)— 定时时间	Tno	TIMER	T	定时器标志号，范围取决于 CPU
	定时时间	S5TIME	I、Q、M、L、D	预设时间值

如果 RLO 状态有一个上升沿，S_ODTS 将启动指定的定时器。如果达到时间值，定时器的信号状态为"1"。只有明确进行复位时，定时器才可能重新启动。只有复位才能将定时器的信号状态设为"0"。

如果在定时器运行期间 RLO 从"0"变为"1"，则定时器以指定的时间值重新启动。

　　例 2-2-7：按下按钮 SB1（I0.0），指示灯 HL1（Q0.0）经 10s 后亮，按下按钮 SB2（I0.1），HL1 熄灭。梯形图如图 2-2-16 所示。

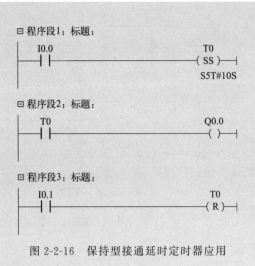

图 2-2-16　保持型接通延时定时器应用

例 2-2-8： 如图 2-2-17 所示，某传输线由两个传送带组成，按物流要求，当按动启动按钮 S1 时，皮带电机 Motor_2 首先启动，延时 5s 后，皮带电机 Motor_1 自动启动；如果按动停止按钮 S2，则 Motor_1 立即停机，延时 10s 后，Motor_2 自动停机。

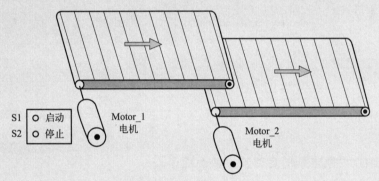

图 2-2-17　皮带传送示意图

I/O 地址分配如表 2-2-10 所示，PLC 硬件接线图如图 2-2-18 所示。I0.0 为启动按钮，I0.1 为停止按钮。Q0.0、Q0.1 分别控制 2 台电机。PLC 控制梯形图如图 2-2-19 所示。

表 2-2-10　皮带传送 I/O 地址分配表

编程元件	元件类型	符号	说明
数字量输入 32×DC 24V	I0.0	S1	启动按钮
	I0.1	S2	停止按钮
数字量输出 32×DC 24V	Q0.0	KM1	皮带电机 Motor_1
	Q0.1	KM2	皮带电机 Motor_2

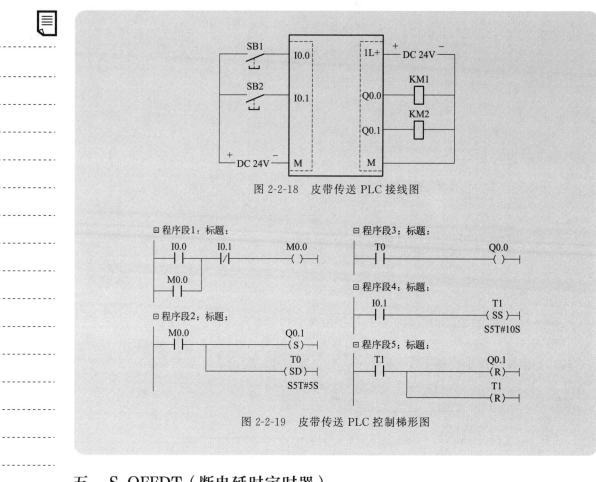

图 2-2-18　皮带传送 PLC 接线图

图 2-2-19　皮带传送 PLC 控制梯形图

五、S_OFFDT（断电延时定时器）

S_OFFDT（断电延时定时器）有两种指令形式：块图指令和 LAD 环境下的定时器线圈指令。

1. S_OFFDT（断电延时定时器）块图指令

（1）指令格式

S_OFFDT 块图指令的 LAD 指令格式及参数说明如表 2-2-11 所示。

表 2-2-11　S_OFFDT 块图指令格式及参数说明

LAD	参数	数据类型	说明	存储区
	Tno	TIMER	要启动的计时器号，如 T0	T
	S	BOOL	启动输入端	
	TV	S5TIME	定时时间（S5TIME 格式）	
	R	BOOL	复位输入端	I、Q、M、D、L
	Q	BOOL	定时器的状态	
	BI	WORD	剩余时间显示或输出（整数格式）	
	BCD	WORD	剩余时间显示或输出（BCD 码格式）	

（2）指令使用说明

如果在输入端 S 有一个下降沿，S_OFFDT（断开延时定时器）将启动指定的定时器。如果输入端 S 的信号状态为"1"或定时器正在运行，则输出端 Q 的信号状态为"1"。如果在定时器运行期间输入端 S 的信号状态从"0"变为"1"，定时器将复位。输入端 S 的信号状态再次从"1"变为"0"后，定时器才能重新启动。如果在定时器运行期间输入端 R 从"0"变为"1"，定时器将复位。

（3）时序图

断开延时定时器时序图如图 2-2-20 所示（t 为设定时间）。

2. S_OFFDT（断电延时定时器）线圈指令

断电延时定时器线圈指令的 LAD 指令格式及参数说明如表 2-2-12 所示。

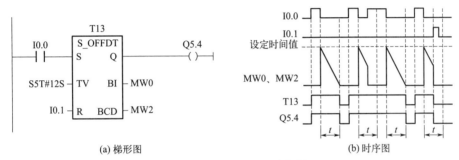

(a) 梯形图　　　　　　　　(b) 时序图

图 2-2-20　S_OFFDT 时序图

表 2-2-12　S_OFFDT 线圈指令的 LAD 指令格式及参数说明

LAD	参数	数据类型	存储区	示例
Tno —(SF)— 定时时间	Tno	TIMER	T	定时器标志号，范围取决于 CPU
	定时时间	S5TIME	I、Q、M、L、D	预设时间值

如果 RLO 状态有一个下降沿，断电延时定时器线圈将启动指定的定时器。当 RLO 为"1"时或只要定时器在"定时时间"给定的时间间隔内运行，定时器就为"1"。

如果在定时器运行期间 RLO 从"0"变为"1"，则定时器复位。只要 RLO 从"1"变为"0"，定时器就会重新启动。

例 2-2-9：合上开关 SA（I0.0），HL1（Q0.0）和 HL2（Q0.1）亮，断开 SA，HL1 立即熄灭，过 10s 后，HL2 自动熄灭。梯形图程序如图 2-2-21 所示。

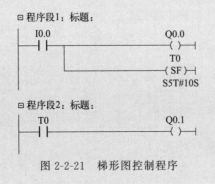

图 2-2-21　梯形图控制程序

例 **2-2-10**：皮带运输机是在输送设备中最常用的一种传输机构，图 2-2-22 为一个四级皮带运输机示意图。整个系统由四台传送电机 M1、M2、M3、M4 来控制传送带，落料漏斗 Y0 由一个阀门控制。控制要求如下：

① 落料漏斗 Y0 启动后，M1 应马上启动，经 6s 后须启动传送带 M2。

② M2 启动后，5s 后应启动 M3。

③ M3 启动后，4s 后应启动 M4。

④ 落料停止后，应根据所需传送时间的差别，分别隔 6s、5s、4s、3s，将 M1、M2、M3、M4 电机依次停车。

I/O 地址分配如表 2-2-13 所示，PLC 硬件接线图如图 2-2-23 所示。I0.0 为启动按钮，I0.1 为停止按钮。Q0.0～Q0.3 分别为 4 台电机，Q0.4 为落料漏斗。PLC 控制梯形图如图 2-2-24 所示。

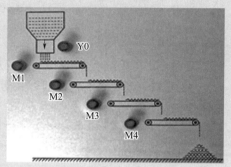

图 2-2-22　四级皮带运输机示意图

表 2-2-13　皮带运输机 I/O 地址分配表

编程元件	元件类型	符号	说明
数字量输入 32×DC 24V	I0.0	SB1	启动按钮
	I0.1	SB2	停止按钮
数字量输出 32×DC 24V	Q0.0	KM1	电机 M1
	Q0.1	KM2	电机 M2
	Q0.2	KM3	电机 M3
	Q0.3	KM4	电机 M4
	Q0.4	KM5	落料漏斗 Y0

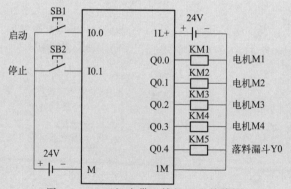

图 2-2-23　四级皮带运输机 I/O 接线图

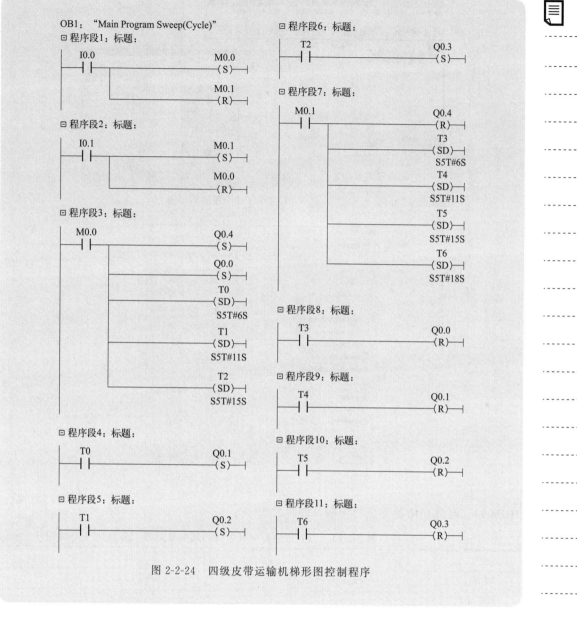

图 2-2-24　四级皮带运输机梯形图控制程序

六、CPU 时钟存储器的应用

S7-300 除了在 STEP7 中为用户提供以上 5 种定时器以外，用户还可以通过设置 CPU 时钟存储器得到多种脉冲，要使用该功能，在硬件配置时需要设置 CPU 的属性，其中有一个选项为周期/时钟存储器，选中选择框就可激活。

如图 2-2-25 所示，点击"SIMATIC 300 站点"，选择硬件，进入硬件组态界面，双击"CPU"，进入 CPU 属性设置界面，如图 2-2-26 所示，选择"周期/时钟存储器"，再勾选"时钟存储器"，设置时钟存储器的字节。

在时钟存储器区域，输入该项功能设置的 MB 地址，如需要使用 MB100，则直接输入 100。时钟存储器的功能是对定义的 MB 的各个位周期性地改变其二进制的值（占空比

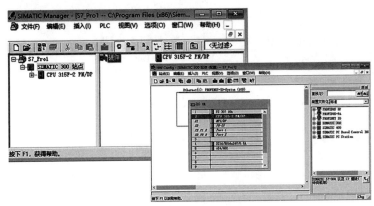

图 2-2-25　CPU 周期/时钟存储器设置

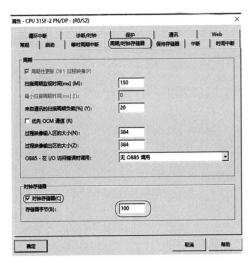

图 2-2-26　CPU 周期/时钟存储器激活

为 1:1)。时钟存储器各位的周期及频率见表 2-2-14。

表 2-2-14　CPU 时钟存储器各位的周期及频率

位序	7	6	5	4	3	2	1	0
周期/s	2	1.6	1	0.8	0.5	0.4	0.2	0.1
频率/Hz	0.5	0.625	1	1.25	4	2.5	5	10

例 2-2-11：时钟存储器的应用。按下启动按钮 SB1（I0.0），实现灯 L（Q0.0）亮 0.5s、灭 0.5s 的闪烁，按下停止按钮 SB2（I0.1），灯 L 立即停止闪烁。梯形图程序如图 2-2-27 所示。

在 CPU 中，时钟 MB100 为时钟存储器，由表 2-2-14 可知，M100.5 的变化周期为 1s。

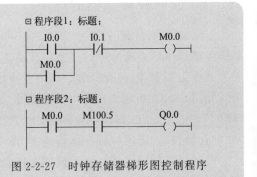

图 2-2-27　时钟存储器梯形图控制程序

项目实施

步骤 1：根据十字路口交通信号灯控制要求进行 I/O 地址分配，其 PLC 的 I/O 地址分配表见表 2-2-15。

表 2-2-15　交通信号灯 I/O 地址分配表

序号	输入		输出	
1	I0.0	启动	Q0.0	东西红灯
2	I0.1	停止	Q0.1	东西绿灯
3			Q0.2	东西黄灯
4			Q0.3	南北红灯
5			Q0.4	南北绿灯
6			Q0.5	南北黄灯

步骤 2：硬件 I/O 接线如图 2-2-28 所示。

步骤 3：建立项目及编写符号表。

建立 STEP7 项目，编写交通信号灯控制符号表，如图 2-2-29 所示。

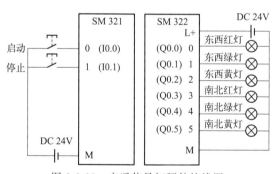

图 2-2-28　交通信号灯硬件接线图　　　　图 2-2-29　交通信号灯控制符号表

步骤 4：编写控制程序。

程序设计：按下启动按钮 I0.0，M0.0=1；T0 定时器 25s 后接通，东西绿灯亮 25s；T0 接通后 T1 定时器 3s 后接通，东西绿灯闪亮 3s；T1 接通后 T2 定时器 2s 后接通，东西黄灯亮 2s；T2 接通后 T3 定时器 25s 后接通，南北绿灯亮 25s；T3 接通后 T4 定时器 3s 后接通，南北绿灯闪亮 3s；T4 接通后 T5 定时器 2s 后接通，南北黄灯亮 2s。其中，T10 与 T11 构成通 1s、断 1s 的脉冲发生器。

梯形图程序如图 2-2-30 所示。

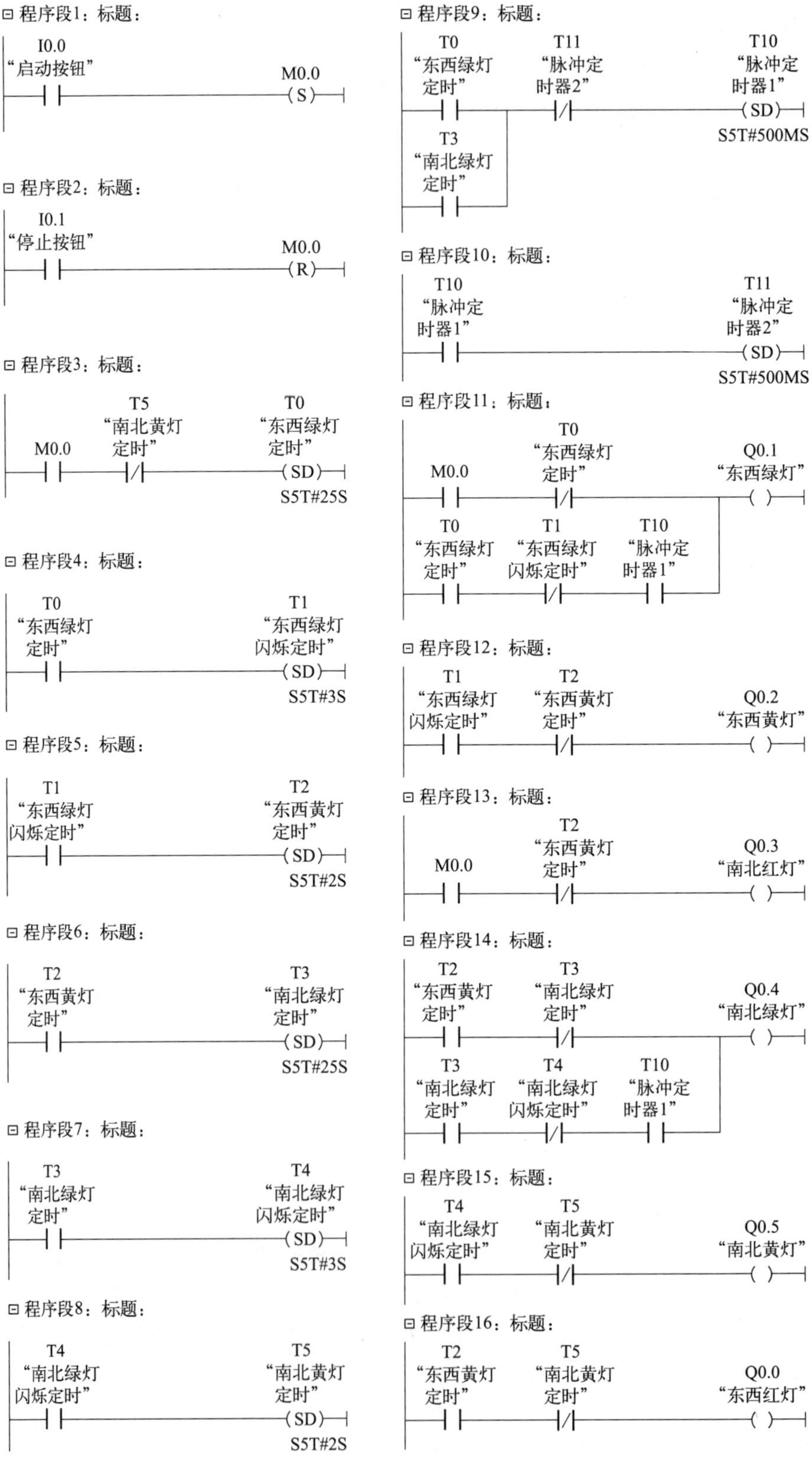

□ 程序段1：标题：

```
   I0.0
  "启动按钮"                           M0.0
  ┤ ├                               ─( S )─
```

□ 程序段2：标题：

```
   I0.1
  "停止按钮"                           M0.0
  ┤ ├                               ─( R )─
```

□ 程序段3：标题：

```
              T5              T0
            "南北黄灯        "东西绿灯
   M0.0      定时"           定时"
  ┤ ├        ┤/├            ─( SD )─
                             S5T#25S
```

□ 程序段4：标题：

```
   T0                          T1
  "东西绿灯                   "东西绿灯
   定时"                      闪烁定时"
  ┤ ├                        ─( SD )─
                              S5T#3S
```

□ 程序段5：标题：

```
   T1                          T2
  "东西绿灯                   "东西黄灯
  闪烁定时"                    定时"
  ┤ ├                        ─( SD )─
                              S5T#2S
```

□ 程序段6：标题：

```
   T2                          T3
  "东西黄灯                   "南北绿灯
   定时"                      定时"
  ┤ ├                        ─( SD )─
                              S5T#25S
```

□ 程序段7：标题：

```
   T3                          T4
  "南北绿灯                   "南北绿灯
   定时"                      闪烁定时"
  ┤ ├                        ─( SD )─
                              S5T#3S
```

□ 程序段8：标题：

```
   T4                          T5
  "南北绿灯                   "南北黄灯
  闪烁定时"                    定时"
  ┤ ├                        ─( SD )─
                              S5T#2S
```

□ 程序段9：标题：

```
   T0              T11              T10
  "东西绿灯       "脉冲定          "脉冲定
   定时"          时器2"           时器1"
  ┤ ├             ┤/├            ─( SD )─
   T3                              S5T#500MS
  "南北绿灯
   定时"
  ┤ ├
```

□ 程序段10：标题：

```
   T10                          T11
  "脉冲定                      "脉冲定
  时器1"                       时器2"
  ┤ ├                        ─( SD )─
                              S5T#500MS
```

□ 程序段11：标题：

```
                   T0
                 "东西绿灯                  Q0.1
   M0.0          定时"                    "东西绿灯"
  ┤ ├            ┤/├                      ─(  )─
   T0              T1              T10
  "东西绿灯       "东西绿灯       "脉冲定
   定时"          闪烁定时"       时器1"
  ┤ ├             ┤ ├             ┤ ├
```

□ 程序段12：标题：

```
   T1              T2
  "东西绿灯       "东西黄灯                 Q0.2
  闪烁定时"        定时"                   "东西黄灯"
  ┤ ├             ┤/├                      ─(  )─
```

□ 程序段13：标题：

```
                   T2
                 "东西黄灯                  Q0.3
   M0.0          定时"                    "南北红灯"
  ┤ ├            ┤/├                      ─(  )─
```

□ 程序段14：标题：

```
   T2              T3
  "东西黄灯       "南北绿灯                 Q0.4
   定时"          定时"                   "南北绿灯"
  ┤ ├             ┤/├                      ─(  )─
   T3              T4              T10
  "南北绿灯       "南北绿灯       "脉冲定
   定时"          闪烁定时"       时器1"
  ┤ ├             ┤/├             ┤ ├
```

□ 程序段15：标题：

```
   T4              T5
  "南北绿灯       "南北黄灯                 Q0.5
  闪烁定时"        定时"                   "南北黄灯"
  ┤ ├             ┤/├                      ─(  )─
```

□ 程序段16：标题：

```
   T2              T5
  "东西黄灯       "南北黄灯                 Q0.0
   定时"          定时"                   "东西红灯"
  ┤ ├             ┤ ├                      ─(  )─
```

图 2-2-30　交通信号灯控制程序

步骤 5: 仿真调试程序。

打开 S7-PLCSIM,将所有的逻辑块下载到仿真 PLC 中,将仿真切换到"RUN"模式,打开变量表 VAT_1 表。单击工具栏上的监控按钮,启动程序状态监视功能,程序仿真结果如图 2-2-31 所示。

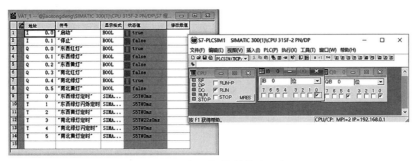

图 2-2-31 交通灯控制仿真运行

项目评价

项目评价表见附录的项目考核评价表。

思考与练习

一、填空题

1. S7-300 PLC 的定时器最大定时时间为_____ s。

2. STEP7 的 5 类定时器分别为 SP、SE、_____、SS 和 SF。(说明:本题填英文符号。)

二、选择题

1. S7-300 PLC 定时器的定时时间值不可能为 ( )。

A. 9958s   B. 1820s   C. 9990s   D. 512s

2. "S5T#5S_200MS"表示 ( )。

A. 16 位 S5TIME 型数据   B. 16 位 TIMER 型数据

C. 32 位 S5TIME 型数据   D. 32 位 TIMER 型数据

三、思考题

1. 根据以下要求,分别编写两台电动机 M1 与 M2 的控制程序。

① 启动时,M1 启动后 M2 才能启动;停止时,M2 停止后 M1 才能停止。

② M1 先启动,经过 30s 后 M2 自行启动,M2 启动 10min 后 M1 自动停止。

2. 某自动生产线上,使用有轨小车来运送工序间的物件。小车驱动采用电动机拖动,其运行示意图如图 2-2-32 所示。电动机正转,小车前进;电动机反转,小车后退。控制要求如下:

① 小车启动,从原位 A 出发驶向 1 号位,在 1 号位停留 5s 后返回原位 A。

② 在原位 A 停留 10s 后第二次出发驶向 2 号位,在 2 号位停留 5s 后仍返回原位 A。

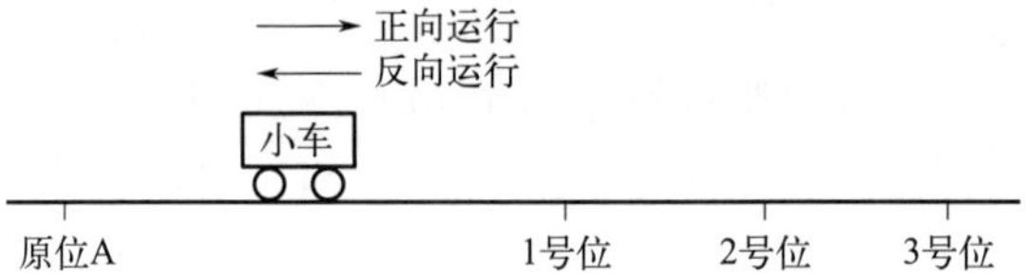

图 2-2-32　小车的控制示意图

③ 在原位 A 停留 10s 后第三次出发驶向 3 号位，在 3 号位停留 5s 后依然返回原位 A。

④ 小车重复上述工作过程，直到按下停止按钮为止。

⑤ 小车在正向或反向运行过程中，要能停车和再次启动。

试用 PLC 实现小车的控制，要求给出主电路、I/O 信号分配表及控制的梯形图。

3. 按下启动按钮，红灯亮；10s 后，绿灯亮；20s 后，黄灯亮；再过 10s，返回到红灯亮，如此循环。按下停止按钮，所有灯都熄灭。

项目三
仓库存储控制系统的设计与调试

可编程控制器应用技术

📚 项目要求

库存控制是对制造业或服务业生产经营的各种物品、产品等资源进行管理和控制，使其储备保持在经济合理的水平上。通过对企业的库存水平进行控制，能够有效地降低库存水平、提高物流系统的效率，从而提高企业的市场竞争力。下面通过 PLC 实现仓库存储系统的控制，控制要求如下。

某货物转运仓库可存储 900 件物品，由电机 M1 驱动传送带 1 将物品运送至仓库区。由电机 M2 驱动传送带 2 将物品运出仓库区。传送带 1 两侧安装光电传感器 PS1 检测入库的物品，传送带 2 两侧安装光电传感器 PS2 检测出库的物品。仓库存储控制系统示意图如图 2-3-1 所示。控制要求如下：

① 电机 M1 的启停由按钮 SB1 和 SB2 控制，若仓库装满则传送带 1 自动停止。电机 M2 的启停由按钮 SB3 和 SB4 控制，若仓库已空，则传送带 2 自动停止。

② 仓库的物品库存数可通过 6 个指示灯来显示：仓库库存空，指示灯 L1 亮；库存≥20%，指示灯 L2 亮；库存≥40%，指示灯 L3 亮；库存≥60%，指示灯 L4 亮；库存≥80%，指示灯 L5 亮，仓库库存满，指示灯 L6 亮。

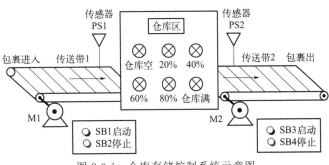

图 2-3-1　仓库存储控制系统示意图

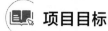 **项目目标**

① 理解并掌握计数器指令、数据传送指令、转换指令、比较指令的含义及应用；

② 能够完成仓库存储控制系统的设计，提高编程及调试能力；

③ 培养分析问题、解决问题的能力及创新创业的能力。

知识准备　仓库存储控制相关指令及应用

一、计数器指令及应用

在 S7-300 CPU 的存储器中，有为计数器保留的存储区。此存储区为每个计数器地址保留一个 16 位字，因此每个计数器占用该区域 2 个字节空间用来存储计数值。不同的 CPU 模板，用于计数器的存储区域也不同，允许使用 64～512 个计数器。

计数器指令是仅有的可访问计数器存储区的函数。

S7-300 的计数器共有三种类型：

① S_CUD（加/减计数器）；

② S_CD（减计数器）；

③ S_CU（加计数器）。

1. 计数器的块图指令

（1）指令格式

三种计数器的块图指令及各管脚含义如表 2-3-1 所示。

表 2-3-1　计数器的块图指令

S_CUD(加/减计数器)	S_CU(加计数器)	S_CD(减计数器)
Cno S_CUD CU　　Q CD S　　CV PV　CV_BCD R	Cno S_CU CU　　Q S PV　CV 　　CV_BCD R	Cno S_CD CD　　Q S PV　CV 　　CV_BCD R

符号	数据类型	内存区域	说明
Cno	COUNTER	C	计数器标识号,其范围依赖于CPU
CU	BOOL	I、Q、M、L、D	升值计数输入
CD	BOOL	I、Q、M、L、D	递减计数输入
S	BOOL	I、Q、M、L、D	为预设计数器设置输入
PV	WORD	I、Q、M、L、D 或常数	将计数器值以"C#×××"的格式输入(范围:0～999),预置计数器的值
R	BOOL	I、Q、M、L、D	复位输入
CV	WORD	I、Q、M、L、D	当前计数器值,整数
CV_BCD	WORD	I、Q、M、L、D	当前计数器值,BCD码
Q	BOOL	I、Q、M、L、D	计数器的状态输出

表内各符号的含义如下：

① Cno 为计数器的编号，其编号范围与 CPU 的具体型号有关。

② CU 为加计数输入端，该端每出现一个上升沿，计数器自动加 1，当计数器的当前值为 999 时，计数值保持为 999，此时的加 1 操作无效。

③ CD 为减计数输入端，该端每出现一个上升沿，计数器自动减 1，当计数器的当前值为 0 时，计数值保持为 0，此时的减 1 操作无效。

④ S 为预置信号输入端，该端出现上升沿的瞬间，将计数初值作为当前值。

⑤ PV 为计数初值输入端，初值的范围为 0～999，可以通过字存储器（如 IW10 等）为计数器提供初值，也可以直接输入 BCD 码形式的立即数，此时的立即数格式为 C#×××，如 C#8、C#999。

⑥ R 为复位信号输入端，任何情况下，只要该端出现上升沿，计数器就会立即复位。复位后计数器当前值变为 0，输出状态为 "0"。

⑦ CV 为以整数形式显示或输出的计数器当前值，如 16#0023、16#00ab。该端可以接各种字存储器，如 MW4、QW0、IW2，也可以悬空。

⑧ CV_BCD 为以 BCD 码形式显示或输出的计数器当前值，如 C#36、C#02。该端可以接各种字存储器，如 MW4、QW0、IW6 等，也可以悬空。

⑨ Q 为计数器状态输出端，只要计数器的当前值不为 0，计数器的状态就为 "1"。该端可以连接位存储器，如 Q4.0、M1.7 等，也可以悬空。

(2) 指令说明

以 S_CUD（加/减计数器）为例，如果输入 S 有上升沿，S_CUD（加/减计数器）预置为输入 PV 的值。如果输入 R 为 1，则计数器复位，并将计数值设置为 0。如果输入 CU 的信号状态从 "0" 切换为 "1"，并且计数器的值小于 999，则计数器的值增 1。如果输入 CD 有上升沿，并且计数器的值大于 0，则计数器的值减 1。

如果两个计数输入都有上升沿，则执行两个指令，并且计数值保持不变。

如果已设置计数器，并且输入 CU/CD 的 RLO=1，则即使没有从上升沿到下降沿或从下降沿到上升沿的切换，计数器也会在下一个扫描周期进行相应的计数。

如果计数值大于等于 0，则输出 Q 的信号状态为 "1"。

例 2-3-1： 加/减计数器指令的应用示例如图 2-3-2 所示。

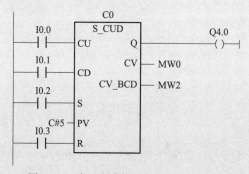

图 2-3-2 加/减计数器指令的应用示例

加减计数器指令

如果 I0.2 从 "0" 变为 "1"，则计数器初值为 5。

如果 I0.0 的信号状态从"0"变为"1"，则计数器 C0 的值将增加 1，但当 C0 的值等于 999 时除外。

如果 I0.1 的信号状态从"0"变为"1"，则 C0 减少 1，但当 C0 的值为 0 时除外。

如果 C0 不等于 0，则 Q4.0 为"1"。

2. 计数器的线圈指令

除了前面介绍的块图形式的计数器指令以外，S7-300 系统还为用户准备了 LAD 环境下的线圈形式的计数器。这些指令有：计数器初值预置指令 SC、加计数器指令 CU 和减计数器指令 CD。计数器的线圈指令如表 2-3-2 所示。

表 2-3-2　计数器的线圈指令

名称	LAD 指令格式	数据类型	内存区域	说明
计数器初值预置线圈	Cno —(SC)— C#××	WORD	I、Q、M、L、D 或常数	计数器线圈左端有上升沿时，本指令会执行，预设值被传送到指定计数器中，Cno 是计数器编号
加计数器线圈	Cno —(CU)—	COUNTER	C	计数器线圈左端有上升沿，并且计数器的值小于 999，则指定计数器的值加 1。如果计数器线圈左端没有上升沿，或者计数器的值已经是 999，则计数器值不变
减计数器线圈	Cno —(CD)—	COUNTER	C	计数器线圈左端有上升沿，并且计数器的值大于 0，将指定计数器的值减 1。如果计数器线圈左端没有上升沿，或者计数器的值已经是 0，则计数器值不变

例 2-3-2：加/减计数器线圈指令应用示例。SC 指令与 CU 指令和 CD 指令配合，可实现 S_CUD 指令的功能，如图 2-3-3 所示。

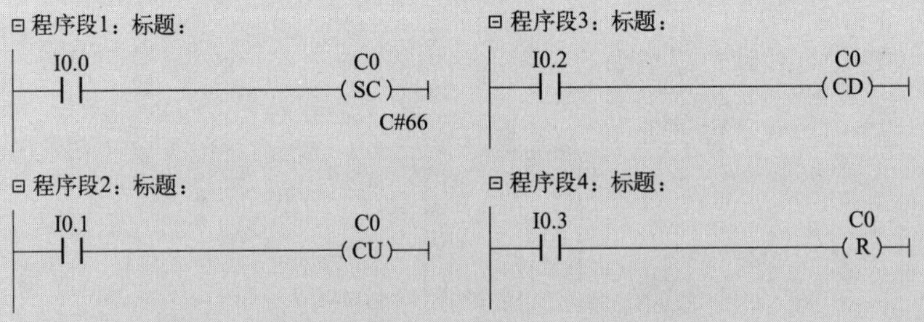

```
□程序段1：标题：                          □程序段3：标题：
  I0.0                    C0               I0.2                    C0
 ──┤├─────────────────( SC )─            ──┤├─────────────────( CD )─
                        C#66

□程序段2：标题：                          □程序段4：标题：
  I0.1                    C0               I0.3                    C0
 ──┤├─────────────────( CU )─            ──┤├─────────────────( R )─
```

图 2-3-3　线圈指令构成加/减计数器示例

例 2-3-3：利用定时器与计数器的组合扩大定时时间，当启动信号 I0.0 接通时，如果没有产生停止信号 I0.1，电机 Q4.1 延时 8h 后自动断电。梯形图程序如图 2-3-4 所示。

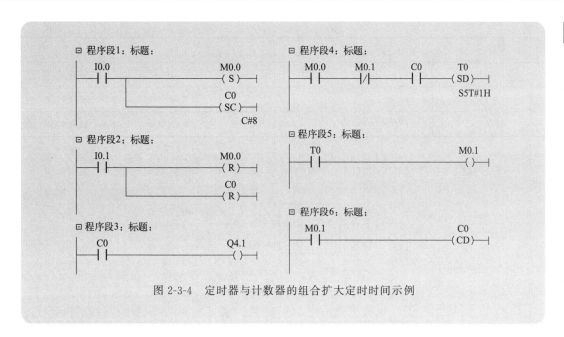

图 2-3-4　定时器与计数器的组合扩大定时时间示例

二、传送指令及应用

MOVE 指令能够将源数据传送到目的地址，能够复制字节（B）、字（W）或双字（D）数据对象，但必须在宽度上匹配，MOVE 指令的格式及应用如表 2-3-3 所示。

表 2-3-3　MOVE 指令格式及应用

指令格式	参数	数据类型	内存区域	说明
MOVE EN　ENO IN　OUT	EN	BOOL	I、Q、M、L、D	使能输入
	ENO	BOOL	I、Q、M、L、D	使能输出
	IN	长度为 8 位、16 位或 32 位	I、Q、M、L、D	源值
	OUT	长度为 8 位、16 位或 32 位	I、Q、M、L、D	目标地址

MOVE 指令通过启用 EN 输入来激活。在 IN 输入指定的值，并将其复制到在 OUT 指定的地址。ENO 与 EN 的逻辑状态相同。将某个值传送给另一长度的数据类型时，将根据需要截断或以零填充高位字节，字节、字、双字之间的传送示例如表 2-3-4 所示。

表 2-3-4　字节、字、双字之间的传送

实例：双字	1111 1111	0000 1111	1111 0000	0101 0101
MOVE	结果			
到双字	1111 1111	0000 1111	1111 0000	0101 0101
到字			1111 0000	0101 0101
到字节				0101 0101
实例：字节				1111 0000

MOVE	结果			
到字节				1111 0000
到字			0000 0000	1111 0000
到双字	0000 0000	0000 0000	0000 0000	1111 0000

例 2-3-4： MOVE 指令的应用示例如图 2-3-5 所示。

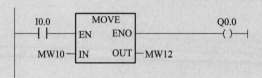

图 2-3-5　MOVE 指令应用示例

当 I0.0 为"1"时，执行指令，把 MW10 的内容复制到 MW12 中，如果执行了指令，则 Q0.0 为"1"。

MOVE指令实现
8盏彩灯的花样
喷泉设计

例 2-3-5： 采用 MOVE 指令，实现花样喷泉设计，有 8 盏彩灯，要求按下按钮 S1（I0.0），8 盏灯全亮；按下按钮 S2（I0.1），偶数灯亮；按下按钮 S3（I0.2），奇数灯亮；按下按钮 S4（I0.3），8 盏灯全灭。花样喷泉设计程序如图 2-3-6 所示。

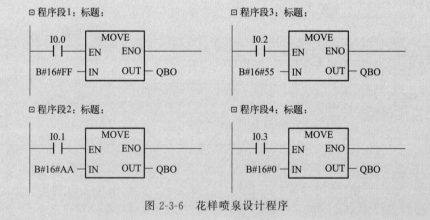

图 2-3-6　花样喷泉设计程序

三、转换指令及应用

在数据运算时，如果数据类型不一样，就不能进行运算，必须先进行数据类型的转换。转换指令读取参数 IN 的内容，然后进行转换或改变其符号，可通过参数 OUT 查询结果。

在 STEP7 中，可以实现 BCD 码与整数、整数与长整数、长整数与实数、整数与反码、整数与补码、实数求反等数据的转换操作。

1. BCD 码和整数到其他类型数据的转换指令

BCD 码和整数到其他类型数据的转换指令共有 6 条，LAD 指令格式及说明如表 2-3-5 所示。

表 2-3-5　BCD 码和整数到其他类型数据的转换指令

LAD 指令	说明	LAD 指令	说明
BCD_I EN　ENO IN　OUT	将 3 位 BCD 码转换为整数	DI_BCD EN　ENO IN　OUT	将长整数转换为 7 位 BCD 码
BCD_DI EN　ENO IN　OUT	将 7 位 BCD 码转换为长整数	I_DI EN　ENO IN　OUT	将整数转换为长整数
I_BCD EN　ENO IN　OUT	将整数转换为 3 位 BCD 码	DI_R EN　ENO IN　OUT	将长整数转换为 32 位的浮点数

2. 整数和实数的转换指令

整数和实数的转换指令共有 5 种，LAD 指令格式及说明如表 2-3-6 所示。

表 2-3-6　整数和实数的转换指令

LAD 指令	说明	LAD 指令	说明
INV_I EN　ENO IN　OUT	求整数的二进制反码	NEG_DI EN　ENO IN　OUT	求长整数的二进制补码
INV_DI EN　ENO IN　OUT	求长整数的二进制反码	NEG_R EN　ENO IN　OUT	求浮点数的补码
NEG_I EN　ENO IN　OUT	求整数的二进制补码		

3. 实数取整指令

实数取整指令共有 4 种，LAD 指令格式及说明如表 2-3-7 所示。

表 2-3-7　实数取整指令

LAD 指令	说明	LAD 指令	说明
ROUND EN　ENO IN　OUT	将 32 位浮点数转换为最接近的长整数	TRUNC EN　ENO IN　OUT	将 32 位浮点数转换为大于或等于该数的最小的长整数
CEIL EN　ENO IN　OUT	取 32 位浮点数的整数部分并转换为长整数	FLOOR EN　ENO IN　OUT	将 32 位浮点数转换为小于或等于该数的最大的长整数

四、比较指令及应用

比较指令可完成整数、长整数或 32 位浮点数（实数）的等于、不等、大于、小于、大于或等于、小于或等于等比较。

1. 整数比较指令

整数比较指令的梯形图指令符号及应用如表 2-3-8 所示。

表 2-3-8　整数比较指令格式及应用

LAD 指令格式	说明	LAD 指令格式	说明
CMP==I —IN1 —IN2	整数 相等 （EQ_I）	CMP<I —IN1 —IN2	整数 小于 （LT_I）
CMP<>I —IN1 —IN2	整数 不等 （NE_I）	CMP>=I —IN1 —IN2	整数 大于或等于 （GE_I）
CMP>I —IN1 —IN2	整数 大于 （GT_I）	CMP<=I —IN1 —IN2	整数 小于或等于 （LE_I）

所谓比较，是指对比较器 IN1 和 IN2 端的数值进行比较，输入端输入的是上一逻辑运算的结果，其数据类型为 BOOL，内存区域为 I、Q、M、L、D。输出端输出的是比较的结果，仅在输入端的 ROL＝1 时才进一步处理，其数据类型为 BOOL，内存区域为 I、Q、M、L、D。IN1 端和 IN2 端分别为要比较的第一个值和第二值，其数据类型均为 INT，内存区域为 I、Q、M、L、D 或常数。

例 2-3-6：整数比较指令示例如图 2-3-7 所示。

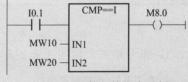

图 2-3-7　整数比较指令示例

当 I0.1 为"1"，且 MW10 中的内容与 MW20 的内容相等时，M8.0 驱动为"1"。

例 2-3-7：用一个开关 I0.0，控制三盏灯（Q0.0，Q0.1，Q0.2），开关闭合三次 1＃灯亮，再闭合三次 2＃灯亮，再闭合三次 3＃灯亮，再闭合一次，1＃灯～3＃灯全灭。如此反复。梯形图程序如图 2-3-8 所示。

比较指令应用

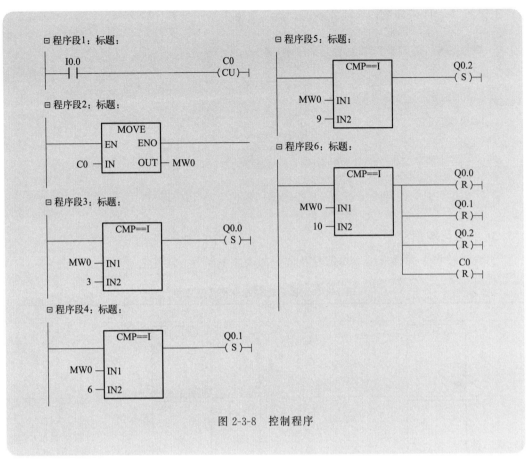

图 2-3-8　控制程序

2. 长整数比较指令

长整数比较指令的梯形图指令符号及应用如表 2-3-9 所示。

表 2-3-9　长整数比较指令格式及应用

LAD指令格式	说明	LAD指令格式	说明
CMP==D IN1 IN2	长整数 相等 (EQ_D)	CMP<D IN1 IN2	长整数 小于 LT_D
CMP<>D IN1 IN2	长整数 不等 (NE_D)	CMP>=D IN1 IN2	长整数 大于或等于 GE_D
CMP>D IN1 IN2	长整数 大于 GT_D	CMP<=D IN1 IN2	长整数 小于或等于 LE_D

IN1 端和 IN2 端为要比较的第一个值和第二个值，其数据类型为 DINT，内存区域为

I、Q、M、L、D 或常数，其他各端的含义及数据类型同整数比较指令。

例 2-3-8： 长整数比较指令示例如图 2-3-9 所示。

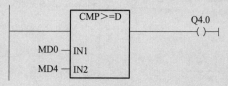

图 2-3-9　长整数比较指令示例

当 MD0 中的内容大于等于 MD4 中的内容时，Q4.0 驱动为"1"。

3. 实数比较指令

实数比较指令的梯形图指令符号及应用如表 2-3-10 所示。

表 2-3-10　实数比较指令格式及应用

LAD 指令格式	说明	LAD 指令格式	说明
CMP==R IN1 IN2	实数 相等 （EQ_R）	CMP<R IN1 IN2	实数 小于 LT_R
CMP<>R IN1 IN2	实数 不等 NE_R	CMP>=R IN1 IN2	实数 大于或等于 GE_R
CMP>R IN1 IN2	实数 大于 GT_R	CMP<=R IN1 IN2	实数 小于或等于 LE_R

例 2-3-9： 实数比较指令示例如图 2-3-10 所示。

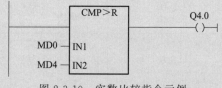

图 2-3-10　实数比较指令示例

当 MD0 中的内容大于 MD4 中的内容时，Q4.0 驱动为"1"。

五、算术运算指令及应用

算术运算指令可完成整数、长整数及实数的加、减、乘、除、求余、求绝对值等基本算术运算，32 位浮点数的平方、平方根、自然对数、基于 e 的指数运算及三角函数等扩展算术运算。

算术运算指令有两大类：基本算术运算指令和扩展算术运算指令。

1. 基本算术运算指令（整数运算）

整数运算指令的梯形图指令符号及说明如表 2-3-11 所示。

表 2-3-11　整数运算指令

类型	LAD 指令	说明
ADD_I 加整数	ADD_I EN　ENO IN1　OUT IN2	在启用输入端（EN）通过逻辑"1"来激活 ADD_I（整数加）。IN1 和 IN2 相加，结果通过 OUT 查看
SUB_I 减整数	SUB_I EN　ENO IN1　OUT IN2	在启用输入端（EN）通过逻辑"1"激活 SUB_I（整数减）。IN1 减去 IN2，结果可通过 OUT 查看
MUL_I 乘整数	MUL_I EN　ENO IN1　OUT IN2	在启用输入端（EN）通过逻辑"1"激活 MUL_I（整数乘）。IN1 和 IN2 相乘，结果通过 OUT 查看
DIV_I 除整数	DIV_I EN　ENO IN1　OUT IN2	在启用输入端（EN）通过逻辑"1"激活 DIV_I（整数除）。IN1 除以 IN2，结果可通过 OUT 查看

例 2-3-10： 整数运算指令应用示例如图 2-3-11 所示。

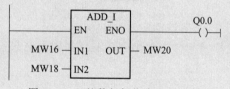

图 2-3-11　整数相加指令应用示例

将 MW16 与 MW18 相加的结果输出到 MW20。如果结果没超出整数的允许范围，则设置输出 Q0.0。

2. 基本算术运算指令（长整数运算）

长整数运算指令的梯形图指令符号及说明如表 2-3-12 所示。

表 2-3-12　长整数运算指令

类型	LAD 指令	说明
ADD_DI 长整数加	ADD_DI EN　ENO IN1　OUT IN2	在启用输入端（EN）通过逻辑"1"激活 ADD_DI（长整数加）。IN1 和 IN2 相加，结果通过 OUT 查看

续表

类型	LAD 指令	说明
SUB_DI 长整数减	SUB_DI EN ENO IN1 OUT IN2	在启用输入端(EN)通过逻辑"1"激活 SUB_DI(长整数减)。IN1 减去 IN2,结果可通过 OUT 查看
MUL_DI 长整数乘	MUL_DI EN ENO IN1 OUT IN2	在启用输入端(EN)通过逻辑"1"激活 MUL_DI(长整数乘)。IN1 和 IN2 相乘,结果通过 OUT 查看
DIV_DI 长整数除	DIV_DI EN ENO IN1 OUT IN2	在启用输入端(EN)通过逻辑"1"激活 DIV_DI(长整数除)。IN1 除以 IN2,结果可通过 OUT 查看
MOD_DI 返回长整数余数	MOD_DI EN ENO IN1 OUT IN2	在启用输入端(EN)通过逻辑"1"激活 MOD_DI(返回长整数余数)。IN1 除以 IN2,余数可通过 OUT 查看

例 2-3-11: 长整数运算指令应用示例如图 2-3-12 所示。

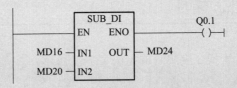

图 2-3-12   长整数减指令应用示例

将 MD16 与 MD20 相减的结果输出到 MD24。如果结果没超出整数的允许范围,则设置输出 Q0.1。

3. 基本算数运算指令 (实数运算)

实数运算指令的梯形图指令符号及说明如表 2-3-13 所示。

表 2-3-13   实数运算指令

类型	LAD 指令	说明
ADD_R 实数加	ADD_R EN ENO IN1 OUT IN2	在启用输入端(EN)通过一个逻辑"1"来激活 ADD_R(实数加)。IN1 和 IN2 相加,结果通过 OUT 查看
SUB_R 实数减	SUB_R EN ENO IN1 OUT IN2	在启用输入端(EN)通过一个逻辑"1"来激活 SUB_R(实数减)。IN1 减去 IN2,结果可通过 OUT 查看

类型	LAD 指令	说明
MUL_R 实数乘	MUL_R EN　ENO IN1　OUT IN2	在启用输入端(EN)通过一个逻辑"1"来激活 MUL_R(实数乘)。IN1 和 IN2 相乘,结果通过 OUT 查看
DIV_R 实数除	DIV_R EN　ENO IN1　OUT IN2	在启用输入端(EN)通过一个逻辑"1"来激活 DIV_R(实数除)。IN1 除以 IN2,结果可通过 OUT 查看

例 2-3-12：实数运算指令应用示例如图 2-3-13 所示。

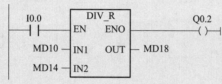

图 2-3-13　实数除指令应用示例

当 I0.0＝1 时，激活 DIV_R。将 MD10 除以 MD14 的结果输出到 MD18。如果结果没有超出浮点数的允许范围，则设置输出 Q0.2。

4. 扩展算术运算指令

扩展算术运算指令可以完成 32 位浮点数的平方、平方根、自然对数、基于 e 的指数及三角函数等运算，指令格式及说明如表 2-3-14 所示。

表 2-3-14　扩展算术运算指令

序号	LAD 指令	说明	序号	LAD 指令	说明
1	SQR EN　ENO IN　OUT	浮点数的平方 （SQR）	6	COS EN　ENO IN　OUT	浮点数的余弦值 （COS）
2	SQRT EN　ENO IN　OUT	浮点数的平方根 （SQRT）	7	TAN EN　ENO IN　OUT	浮点数的正切值 （TAN）
3	EXP EN　ENO IN　OUT	浮点数的指数值 （EXP）	8	ASIN EN　ENO IN　OUT	浮点数的反正弦值 （ASIN）
4	LN EN　ENO IN　OUT	浮点数的自然对数 （LN）	9	ACOS EN　ENO IN　OUT	浮点数的反余弦值 （ACOS）
5	SIN EN　ENO IN　OUT	浮点数的正弦值 （SIN）	10	ATAN EN　ENO IN　OUT	浮点数的反正切值 （ATAN）

例 2-3-13：计算 $\sqrt{\dfrac{(MD62+2.5)\times 3.6}{47}}-MD66$，运算结果存在 MD70 地址中。

梯形图程序如图 2-3-14 所示。

OB1："Main Program Sweep(Cycle)"
⊟ 程序段1：标题：

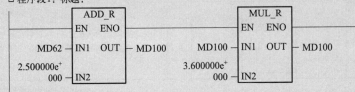

⊟ 程序段2：标题：

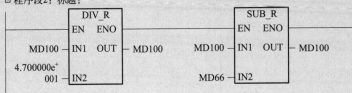

⊟ 程序段3：标题：

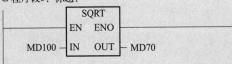

图 2-3-14   计算公式梯形图程序

 项目实施

步骤 1：I/O 地址分配。

根据仓库存储控制要求，进行 I/O 地址分配，PLC 的 I/O 地址分配表见表 2-3-15。

表 2-3-15   仓库存储控制系统 I/O 地址分配表

序号	输入信号硬件名称	编程元件地址	序号	输入信号硬件名称	编程元件地址
1	启动 SB1	I0.0	1	电机 M1	Q0.0
2	停止 SB2	I0.1	2	电机 M2	Q0.1
3	启动 SB3	I0.2	3	仓库空指示灯 L1	Q1.0
4	停止 SB4	I0.3	4	≥20％指示灯 L2	Q1.1
5	传感器 PS1	I0.4	5	≥40％指示灯 L3	Q1.2
6	传感器 PS2	I0.5	6	≥60％指示灯 L4	Q1.3
			7	≥80％指示灯 L5	Q1.4
			8	仓库满指示灯 L6	Q1.5

步骤 2： 硬件 I/O 接线如图 2-3-15 所示。

步骤 3： 建立项目及编写符号表。

建立 STEP7 项目，并编写符号表，如图 2-3-16 所示。

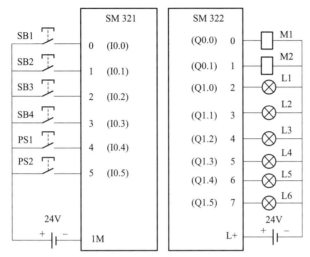

图 2-3-15　仓库存储控制系统 PLC 接线图

符号编辑器 - [S7 程序(1) (符号) -- CKCC\SIMATIC 300(1)\CPU 315F-2 ...
符号表(S) 编辑(E) 插入(I) 视图(V) 选项(O) 窗口(W) 帮助(H)
唯一的符号

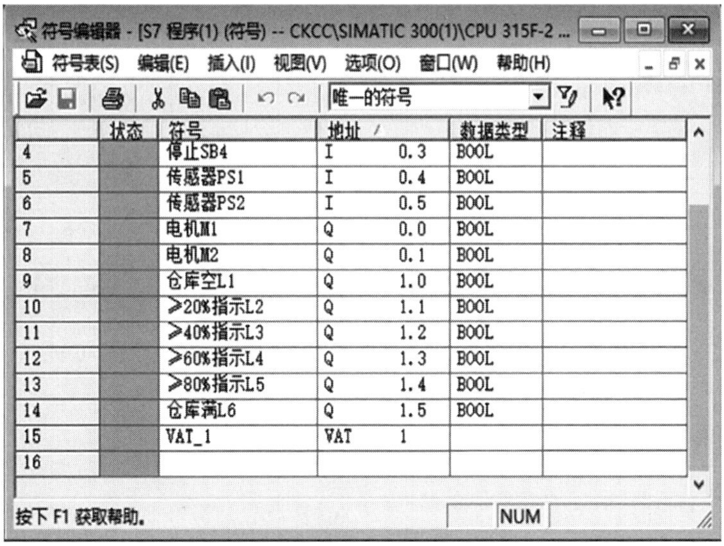

	状态	符号	地址		数据类型	注释
4		停止SB4	I	0.3	BOOL	
5		传感器PS1	I	0.4	BOOL	
6		传感器PS2	I	0.5	BOOL	
7		电机M1	Q	0.0	BOOL	
8		电机M2	Q	0.1	BOOL	
9		仓库空L1	Q	1.0	BOOL	
10		≥20%指示L2	Q	1.1	BOOL	
11		≥40%指示L3	Q	1.2	BOOL	
12		≥60%指示L4	Q	1.3	BOOL	
13		≥80%指示L5	Q	1.4	BOOL	
14		仓库满L6	Q	1.5	BOOL	
15		VAT_1	VAT	1		
16						

按下 F1 获取帮助。　NUM

图 2-3-16　仓库存储控制符号表

步骤 4： 编写控制程序。

程序设计：为了程序调试方便，将货物 900 件改为 20 件。按下启动按钮 SB1，电机 M1 启动，传感器 SP1 每触发一次，计数器 C0 加 1，传感器 SP2 每触发一次，计数器 C0 减 1；仓库库存空，Q1.0＝1；库存≥20％，Q1.1＝1；库存≥40％，Q1.2＝1；库存≥60％，Q1.3＝1；库存≥80％，Q1.4＝1；仓库库存满，Q1.5＝1。梯形图程序如图 2-3-17 所示。

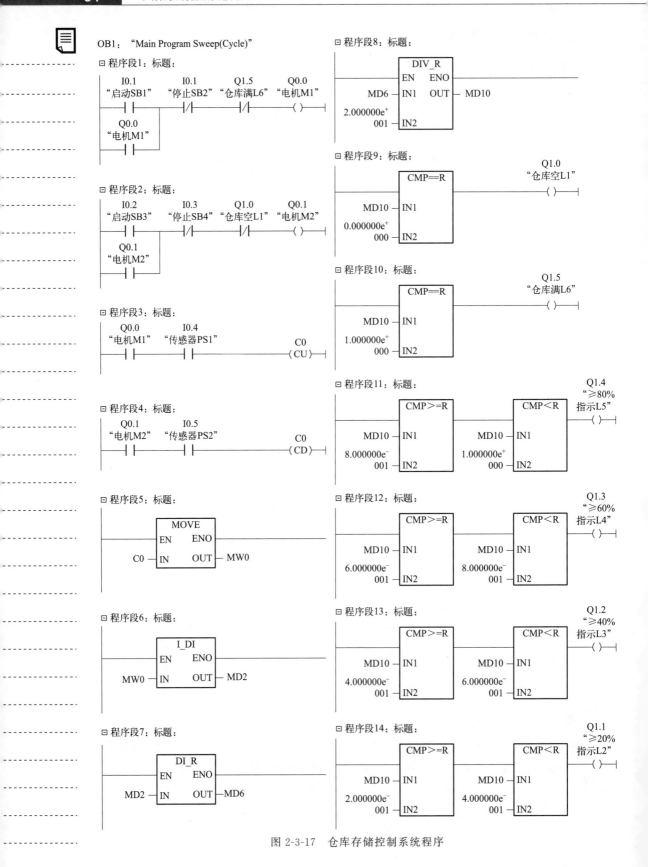

图 2-3-17 仓库存储控制系统程序

步骤5：仿真调试程序。

打开 S7-PLCSIM，将所有的逻辑块下载到仿真 PLC 中，将仿真切换到"RUN"模式，打开变量表 VAT_1 表。单击工具栏上的监控按钮，启动程序状态监视功能，程序仿真结果如图 2-3-18 所示。

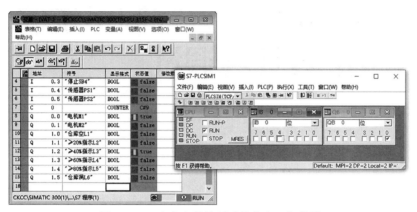

图 2-3-18　仓库存储控制系统仿真运行结果

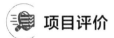 **项目评价**

项目评价表见附录的项目考核评价表。

 思考与练习

一、选择题

1. 在加计数器的设置输入端 S 的（　　），将 PV 端指定的预置值送入计数器。

A. 高电平　　　　　　B. 低电平　　　　　　C. 上升沿　　　　　　D. 下降沿

2. 计数器指令 CV_BCD 端的功能是用 BCD 码来存储计数器的当前计数值，它需要一个（　　）存储空间来存储它。

A. 1Bit　　　　　　B. 1Byte　　　　　　C. 1Word　　　　　　D. 1D_Word

二、思考题

1. 用一个按钮控制 2 盏灯，第 1 次按下时，第 1 盏灯亮，第 2 盏灯灭；第 2 次按下时，第 1 盏灯灭，第 2 盏灯亮；第 3 次按下时，2 盏灯都灭。

2. 分别用 Q0.0、Q0.1 和 Q0.2 模拟时钟的秒针、分针和时针。按下按钮 I0.0（保持型）后，Q0.0 以 1Hz 的频率接通和断开；计数 60 次后，分针 Q0.1 接通，保持 0.5s 后断开；Q0.1 计数 60 次后，时针 Q0.2 接通，保持 0.5s 后断开。

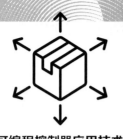

可编程控制器应用技术

项目四
花样喷泉控制系统的
设计与调试

🔖 项目要求

喷泉适宜于喜庆节日、大型群众集会的广场等，水的造型往往是简洁、明快、庄重、大方，给予人们团结进取、凝聚向上的感受。在商业广场、购物中心以及一些景点的大型激光彩色音乐喷泉，其动感十足的"水表演"，给人们以变幻无穷、绚丽多姿的视听效果。

本项目将采用 S7-300 PLC 进行花样喷泉控制系统的设计与调试，花样喷泉控制系统示意图如图 2-4-1 所示，其控制要求如下：

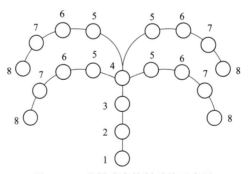

图 2-4-1　花样喷泉控制系统示意图

① 置位启动开关闭合时，指示灯以 1s 的时间间隔依次循环点亮，点亮顺序为 1→2→3→4→5→6→7→8→1、2→3、4→5、6→7、8→1、2、3→4、5、6→7、8→1、2、3、4→5、6、7、8→1、2、3、4、5、6、7、8→……模拟当前喷泉水流状态。

② 置位启动开关 SD 为断开时，指示灯停止显示，系统停止工作。

📖 项目目标

① 理解并掌握移位指令及应用；

② 能够完成花样喷泉控制系统的设计，提高编程及调试能力；
③ 具备一定的创新思维及团队合作精神。

知识准备 移位指令及应用

移位指令有 2 种类型：基本移位指令和循环移位指令。基本移位指令可对无符号整数、字、双字、有符号整数、长整数数据进行移位操作；循环移位指令可对双字数据进行循环移位操作。

一、基本移位指令

1. 有符号右移指令

有符号右移指令包括：整数右移（SHR_I）和长整数右移（SHR_DI）指令。其指令格式及说明如表 2-4-1 所示。

表 2-4-1 有符号右移指令格式及说明

LAD 指令	参数	数据类型	内存区域	说明
SHR_I EN ENO IN OUT N	EN	BOOL	I、Q、M、L、D	有符号整数右移：EN 为 1 时，将 IN 中整数向右移动 N 位，送至 OUT，右移后空出的位补 0（正数）或 1（负数）
	ENO	BOOL		
	IN	INT		
	N	WORD		
	OUT	INT		
SHR_DI EN ENO IN OUT N	EN	BOOL	I、Q、M、L、D	有符号长整数右移：EN 为 1 时，将 IN 中长整数向右移动 N 位，送至 OUT，右移后空出的位补 0（正数）或 1（负数）
	ENO	BOOL		
	IN	INT		
	N	WORD		
	OUT	INT		

例 2-4-1：一个有符号数右移 4 位的移位过程如图 2-4-2 所示。

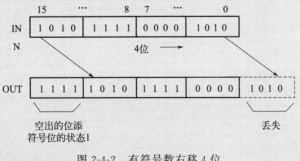

图 2-4-2 有符号数右移 4 位

2. 字移位指令

字移位指令包括：字左移（SHL_W）和字右移（SHR_W）指令。其指令格式及应用如表 2-4-2 所示。

表 2-4-2　字移位指令格式及应用

LAD 指令	参数	数据类型	内存区域	说明
SHL_W EN ENO IN OUT N	EN	BOOL	I、Q、M、L、D	无符号字型数据左移:EN 为 1 时,将 IN 中整数向左移动 N 位,送至 OUT,左移后空出的位补 0
	ENO	BOOL		
	IN	INT		
	N	WORD		
	OUT	INT		
SHR_W EN ENO IN OUT N	EN	BOOL	I、Q、M、L、D	无符号字型数据右移:EN 为 1 时,将 IN 中整数向右移动 N 位,送至 OUT,右移后空出的位补 0
	ENO	BOOL		
	IN	INT		
	N	WORD		
	OUT	INT		

例 2-4-2:一个无符号数左移 6 位的移位过程如图 2-4-3 所示。

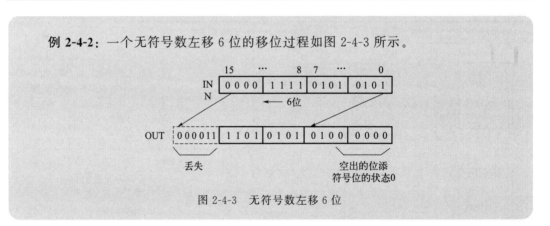

图 2-4-3　无符号数左移 6 位

3. 双字移位指令

双字移位指令包括:双字左移(SHL_DW)和双字右移(SHR_DW)指令。指令格式及应用如表 2-4-3 所示。

表 2-4-3　双字移位指令格式及应用

LAD 指令	参数	数据类型	内存区域	说明
SHL_DW EN ENO IN OUT N	EN	BOOL	I、Q、M、L、D	无符号双字型数据左移:EN 为 1 时,将 IN 中双字型数据向左移动 N 位,送至 OUT,左移后空出的位补 0
	ENO	BOOL		
	IN	INT		
	N	WORD		
	OUT	INT		
SHR_DW EN ENO IN OUT N	EN	BOOL	I、Q、M、L、D	无符号双字型数据右移:EN 为 1 时,将 IN 中双字型数据向右移动 N 位,送至 OUT,右移后空出的位补 0
	ENO	BOOL		
	IN	INT		
	N	WORD		
	OUT	INT		

二、循环移位指令

循环移位指令包括：双字左循环（ROL_DW）和双字右循环（ROR_DW）指令。指令格式及应用如表 2-4-4 所示。

表 2-4-4　双字循环移位指令格式及应用

LAD 指令	参数	数据类型	内存区域	说明
ROL_DW EN ENO IN OUT N	EN	BOOL	I、Q、M、L、D	无符号双字型数据循环左移：EN 为 1 时，将 IN 中双字型数据向左移动 N 位后送至 OUT，每次当最高位移出后，将其移到最低位
	ENO	BOOL		
	IN	INT		
	N	WORD		
	OUT	INT		
ROR_DW EN ENO IN OUT N	EN	BOOL	I、Q、M、L、D	无符号双字型数据循环右移：EN 为 1 时，将 IN 中双字型数据向右移动 N 位后送至 OUT，每次当最低位移出后，将其移到最高位
	ENO	BOOL		
	IN	INT		
	N	WORD		
	OUT	INT		

例 2-4-3： 一个双字左循环左移 3 位的移位过程如图 2-4-4 所示。

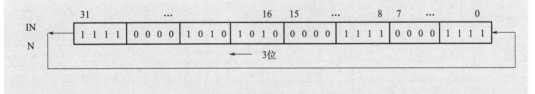

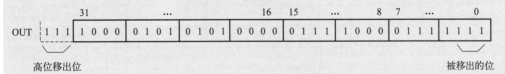

图 2-4-4　双字左循环左移 3 位

例 2-4-4： 采用移位指令，实现彩灯循环点亮控制，控制要求如下。

按下启动按钮 SB1（I0.0），使输出的 8 个彩灯（Q1.0～Q1.7）从右至左以 1s 的速度依次点亮，最后一个灯亮后，又从第一个灯开始亮，如此反复运行。按下停止按钮 SB2（I0.1），彩灯全部熄灭。彩灯循环点亮控制程序如图 2-4-5 所示。

采用移位指令实现彩灯循环点亮控制

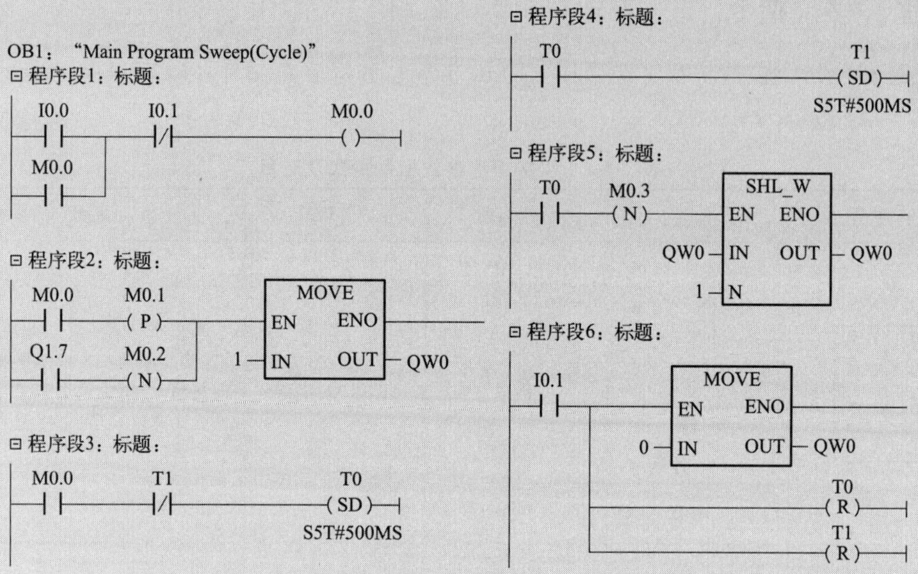

OB1: "Main Program Sweep(Cycle)"
□ 程序段1: 标题:

```
   I0.0      I0.1              M0.0
 ──┤├──────┤/├──────────────( )──
   M0.0
 ──┤├──
```

□ 程序段2: 标题:

```
   M0.0    M0.1                ┌─── MOVE ───┐
 ──┤├──────( P )──┬────────────┤EN      ENO├──
   Q1.7    M0.2   │            │           │
 ──┤├──────( N )──┘          1─┤IN      OUT├─ QW0
                              └────────────┘
```

□ 程序段3: 标题:

```
   M0.0      T1                T0
 ──┤├──────┤/├──────────────( SD )──
                           S5T#500MS
```

□ 程序段4: 标题:

```
   T0                         T1
 ──┤├──────────────────────( SD )──
                         S5T#500MS
```

□ 程序段5: 标题:

```
   T0     M0.3              ┌─── SHL_W ───┐
 ──┤├─────( N )─────────────┤EN       ENO├──
                            │            │
                        QW0─┤IN       OUT├─ QW0
                            │            │
                          1─┤N           │
                            └────────────┘
```

□ 程序段6: 标题:

```
   I0.1                    ┌─── MOVE ───┐
 ──┤├──────┬───────────────┤EN      ENO├──
           │               │           │
           │             0─┤IN      OUT├─ QW0
           │               └────────────┘
           │                        T0
           ├──────────────────────( R )──
           │                        T1
           └──────────────────────( R )──
```

图 2-4-5   彩灯循环点亮控制程序

🧩 项目实施

步骤1: I/O 地址分配。

根据花样喷泉控制要求进行 I/O 地址分配,PLC 的 I/O 地址分配表见表 2-4-5。

表 2-4-5   花样喷泉控制 I/O 地址分配表

序号	输入信号硬件名称	编程元件地址	序号	输入信号硬件名称	编程元件地址
1	启动开关 SD	I0.0	1	L1	Q0.0
			2	L2	Q0.1
			3	L3	Q0.2
			4	L4	Q0.3
			5	L5	Q0.4
			6	L6	Q0.5
			7	L7	Q0.6
			8	L8	Q0.7

步骤2: PLC 接线图。

硬件 I/O 接线如图 2-4-6 所示。

步骤3: 建立项目及编写符号表。

建立 STEP7 项目并编写符号表,截图如图 2-4-7 所示。

步骤4: 编写控制程序。

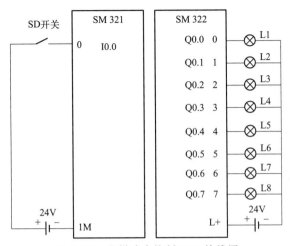

图 2-4-6 花样喷泉控制 PLC 接线图

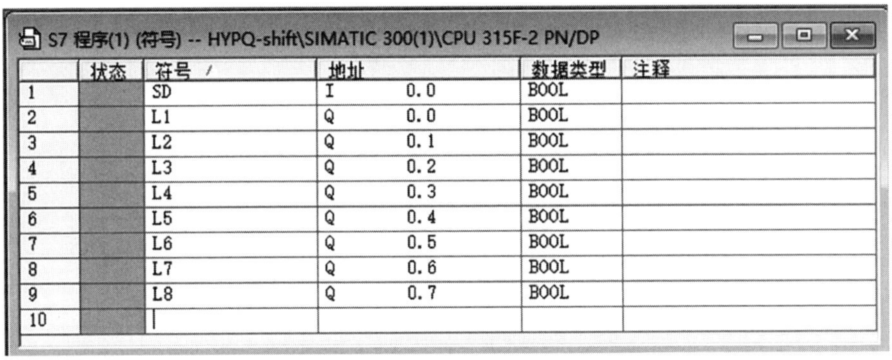

	状态	符号 /	地址		数据类型	注释
1		SD	I	0.0	BOOL	
2		L1	Q	0.0	BOOL	
3		L2	Q	0.1	BOOL	
4		L3	Q	0.2	BOOL	
5		L4	Q	0.3	BOOL	
6		L5	Q	0.4	BOOL	
7		L6	Q	0.5	BOOL	
8		L7	Q	0.6	BOOL	
9		L8	Q	0.7	BOOL	
10						

S7 程序(1) (符号) -- HYPQ-shift\SIMATIC 300(1)\CPU 315F-2 PN/DP

图 2-4-7 花样喷泉控制符号表截图

程序设计：开始时，将 1 传送给 MD0，M3.0＝1；用定时器 T0 和 T1 产生所需频率的脉冲；用移位指令 SHL_DW，在 T0 脉冲下降沿时对 MD0 的内容左移位 1 位。则 1 依次由 M3.0 移位，当移位到 M1.1＝1 时，花样喷泉指示灯按要求闪亮一遍，因而，当移位到 M1.2＝1 时，将 1 传送给 MD0，即可实现循环控制要求。梯形图程序如图 2-4-8 所示。

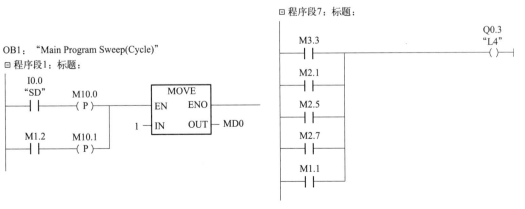

图 2-4-8

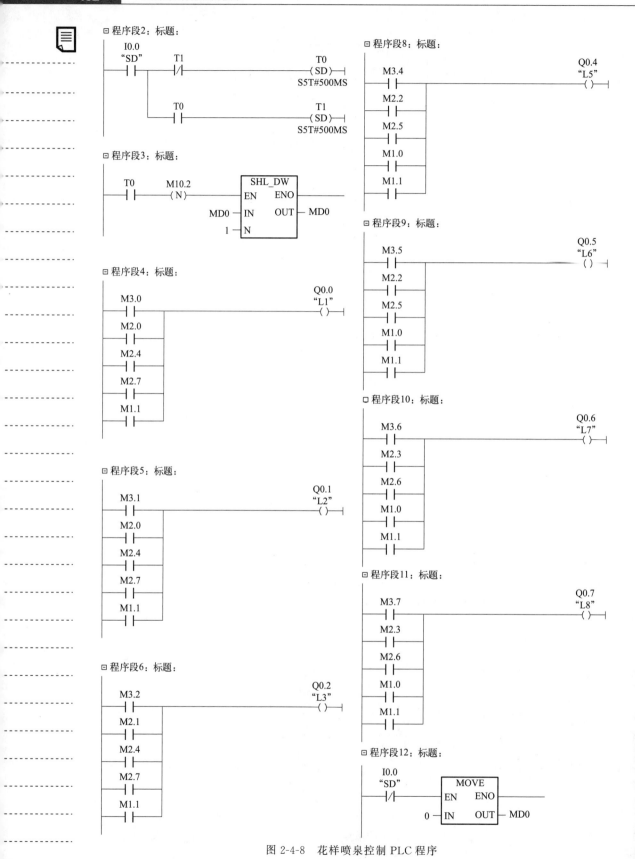

图 2-4-8 花样喷泉控制 PLC 程序

步骤5：仿真调试程序。

打开 S7-PLCSIM，将所有的逻辑块下载到仿真 PLC 中，将仿真切换到"RUN"模式，打开变量表 VAT1 表。单击工具栏上的监控按钮，启动程序状态监视功能，程序仿真结果如图 2-4-9 所示。

图 2-4-9　花样喷泉控制仿真运行

项目评价

项目评价表见附录的项目考核评价表。

思考与练习

1. 四相步进电机输入端 A、B、C 和 D 做四拍正向运行，其脉冲分配为 A→B→C→D 循环。设计步进电机控制程序。

2. 有九盏灯，其布局如图 2-4-10 所示，要求在同一个程序中可选择性地分别完成下面两个控制要求。

① 方式一：L1、L4、L7 亮，1s 后灭，接着 L2、L5、L8 亮，1s 后灭，接着 L3、L6、L9 亮，1s 后灭，如此循环。

② 方式二：L1 亮 2s 后灭，接着 L2、L3、L4、L5 亮 2s 后灭，接着 L6、L7、L8、L9 亮 2s 后灭，接着 L1 亮 2s 后灭，如此循环。

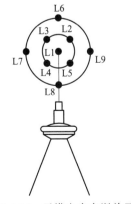

图 2-4-10　天塔之光实训单元

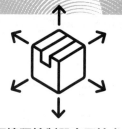

可编程控制器应用技术

项目五
多种液体混合控制系统的
设计及应用

项目要求

　　在炼油、化工、制药等行业中，多种液体混合是必不可少的工序，但由于这些行业中多是易燃易爆、有毒、有腐蚀性的介质，以致现场工作环境十分恶劣，不适合人工现场操作。因而，随着计算机技术的发展，PLC技术广泛地应用于多种液体混合装置的控制系统中。图2-5-1为液体混合装置控制系统，由一个模拟量液位变送器来检测液位的高低，并进行液位显示。现要求对A、B两种液体原料按等比例混合，控制要求如下。

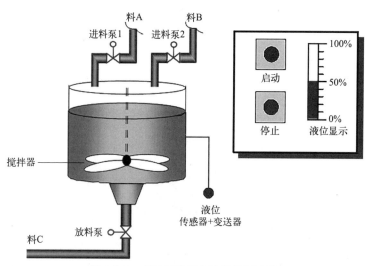

图 2-5-1　多种液体混合装置控制系统

　　按下启动按钮后，系统自动运行，首先打开进料泵1，开始加入液料A，当液位达到50%后，则关闭进料泵1，打开进料泵2，开始加入液料B，当液位达到100%后，则关闭进料泵2，启动搅拌器，搅拌10s后，关闭搅拌器，开启放料泵，当液料放空后，延时5s

后关闭放料泵。按停止按钮，系统应立即停止运行。

 项目目标

① 理解 S7-300 用户程序的基本结构；
② 理解并掌握 S7-300 PLC 的功能 FC、功能块 FB 的含义及应用；
③ 理解并掌握 S7-300 PLC 的组织块及中断处理；
④ 能完成多种液体混合控制系统的设计，提高编程及调试能力；
⑤ 培养安全生产意识及良好的职业素养。

 知识准备　用户程序的块及中断

一、用户程序的基本结构

1. 用户程序中的块

用户程序和所需数据放置在块中，OB、FB、FC、SFB 和 SFC 都是程序的块，它们称为逻辑块。程序运行时所需数据和变量存储在数据块中。逻辑块类似于子程序，使程序部件标准化、用户程序结构化，可以简化程序组织，使程序易于修改、查错和调试。块结构显著地增加了 PLC 程序的组织透明性、可理解性和易维护性。用户程序中各种块的简要说明如表 2-5-1 所示。

表 2-5-1　用户程序的块

块的类型		简要描述
逻辑块	组织块（OB）	操作系统与用户程序的接口，决定用户程序的结构
	系统功能块（SFB）	集成在 CPU 模块中，通过 SFB 调用一些重要的系统功能，有存储区
	系统功能（SFC）	集成在 CPU 模块中，通过 SFC 调用一些重要的系统功能，无存储区
	功能块（FB）	用户编写的可经常被调用的子程序，有存储区
	功能（FC）	用户编写的可经常被调用的子程序，无存储区
数据块	背景数据块（DB）	调用 FB 和 SFB 时用于传递参数的数据块，在编译过程中自动生成数据
	共享数据块（DI）	存储用户数据的数据区域，供所有的块共享

根据用户程序的需要，用户程序可以由不同的块构成，各种块的组织关系如图 2-5-2 所示，从图中可以看出，组织块（OB）可以调用 FC、FB、SFC、SFB；FC 或 FB 也可以调用另外的 FC 或 FB，称为嵌套。FB 和 SFB 使用时，需要配有相应的背景数据块。

由于组织块（OB）、功能块（FB）、功能（FC）、系统功能块（SFB）、系统功能（SFC）中包含 STEP7 指令构成的程序代码，因此称这些块为程序块或逻辑块。背景数据块和共享数据块中不包含 STEP7 的指令，只用来存放用户数据，因此称为数据块。

（1）组织块（OB）
组织块（OB）是操作系统与用户程序的接口，由操作系统调用，用于控制扫描循环和中断程序的执行、PLC 的启动和错误处理等，有的 CPU 只能使用部分组织块。

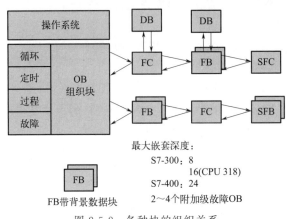

图 2-5-2 各种块的组织关系

（2）功能（FC）

功能是用户编写的没有固定存储区的块，其临时变量存储在局部数据堆栈中，功能执行结束后，这些数据就丢失了。可以使用共享数据块来存储那些在功能执行结束后需要保存的数据。

（3）功能块（FB）

功能块是用户编写的有自己的存储区（背景数据块）的块，每次调用功能块时需要提供各种类型的数据给功能块，功能块也要返回变量给调用它的块。这些数据以静态变量（STAT）的形式存放在指定的背景数据块（DB）中，临时变量 TEMP 存储在局部数据堆栈中。

在编写调用 FB 程序时，必须指定 DB 的编号，调用时 DI 被自动打开。在编译 FB 时自动生成背景数据块中的数据。一个功能块可以有多个背景数据块，使功能块用于不同的被控对象。它们被自动写入相应的背景数据块中。在调用块时，CPU 将实参分配给形参的值存储在 DB 中。如果调用块没有提供实参，将使用上一次存储在背景数据块中的参数值。

（4）数据块（DB）

数据块是用于存放执行用户程序时所需变量数据的数据区。数据块中没有 STEP7 的指令，STEP7 按数据生成的顺序自动为数据块中的变量分配地址。用户程序可以位、字节、字或双字操作访问数据块中的数据。如位地址 DB1.DBX0.0，字节地址 DB1.DBB10，字地址 DB1.DBW20，双字地址 DB1.DBD30。数据块分为共享数据块（DI）和背景数据块（DB）。

（5）系统功能块（SFB）和系统功能（SFC）

系统功能块和系统功能是为用户提供的已经编好程序的块，可以调用但不能修改。它们作为操作系统的一部分，不占用户程序空间。SFB 有存储功能，其变量保存在指定给它的背景数据块中。SFC 没有存储功能。

2. 用户程序结构

用户程序结构主要有线性程序、分部式程序、结构化程序。

（1）线性程序

线性程序也称线性编程。所谓线性程序结构，就是将整个用户程序连续放置在一个循环程序块（OB1）中，块中的程序按顺序执行，CPU 通过反复执行 OB1 来实现自动化控制任务。

事实上所有的程序都可以用线性结构实现，不过，线性结构一般适用于相对简单的程序编写。

（2）分部式程序

分部式程序也称分部编程或分块编程。所谓分部式程序，就是将整个程序按任务分成若干个部分，并分别放置在不同的功能（FC）、功能块（FB）及组织块（OB）中。在组织块 OB1 中按顺序调用其他块的指令，并控制程序执行。

在分部式程序中，既无数据交换，也不存在重复利用的程序代码。功能（FC）和功能块（FB）不传递也不接收参数，分部式程序结构的编程效率比线性程序有所提高，程序测试也较方便，对程序员的要求也不太高。对不太复杂的控制程序可以考虑采用这种程序结构。

（3）结构化程序

结构化程序又称结构化编程或模块化编程。所谓结构化程序，就是处理复杂自动化控制任务的过程中，为了使任务更易于控制，常把过程要求类似或相关的功能进行分类，分割为可用于多个任务的通用解决方案的小任务，这些小任务以相应的程序段表示，称为程序块（FC 或 FB）。OB1 通过调用这些程序块来完成整个自动化控制任务。

结构化程序的特点是每个程序块（FC 或 FB）在 OB1 中可能会被多次调用，以适用于具有相同过程工艺要求的不同控制对象。这种结构可简化程序设计过程、减小代码长度、提高编程效率，比较适用于较复杂自动化控制任务的设计。

3. 逻辑块的结构

功能（FC）、功能块（FB）和组织块（OB）都是逻辑块（或程序块）。每个逻辑块前部都有一个变量声明表，称为局部变量声明表，用于对当前逻辑块控制程序所使用的局部数据进行说明。

局部数据分为参数和局部变量两大类，局部变量又包括静态变量和临时变量。

参数可在调用块和被调用块间传递数据，是逻辑块的接口。

静态变量和临时变量仅供逻辑块本身使用，不能作为不同程序之间的数据接口。

局部变量声明表的说明如表 2-5-2 所示，在逻辑块中不使用的数据类型，可以不在声明表中声明。

表 2-5-2　局部变量声明表的说明

变量	类型	说明
输入参数	IN	由调用逻辑块的块提供数据，输入逻辑块
输出参数	OUT	向调用逻辑块的块返回参数，即从逻辑块输出结果数据
I/O 参数	IN_OUT	参数的值由调用该块的其他块提供，由逻辑块处理修改，然后返回
静态变量	STAT	静态变量存储在背景数据块中，块调用结束后，其内容被保留
临时变量	TEMP	临时变量存储在 L 堆栈中，块执行结束后，变量的值因被其他内容覆盖而丢失

（1）形式参数

为保证 FC 和 FB 对同一类设备控制的通用性，用户在编程时就不能使用设备对应的存储区地址参数，即 PLC 实际输入、输出点对应地址，如 I0.0、I0.1、Q4.0、Q4.1 等，而要使用这类设备的抽象地址参数。这些参数称为形式参数，简称为形参。在调用功能FC或功能块FB时，将用实际参数代替形式参数，从而实现对具体设备的控制。

形参须在FC、FB的变量声明表中定义，实参在调用FC、FB时给出，在逻辑块的不同调用处，可以为形参提供不同的实参，实参的数据类型必须与形参一致。用户可以定义功能FC和功能块FB的输入参数和输出参数，也可以定义某个参数为输入/输出值。参数传递可以将调用块的信息传递给被调用块，也能把被调用块的运行结果返回调用块。

（2）静态变量

静态变量在PLC运行期间始终被存储。静态变量定义在背景数据块中，当被调用块运行时，能读出或修改它的值。被调用块运行结束后，静态变量保留在数据块中。因为只有与FB有关联的背景数据块，所以只能为FB定义静态变量。功能FC不能有静态变量。

（3）临时变量

临时变量是一种在块执行时，用来暂时存储数据的变量，这些临时数据存储在局部数据堆栈中。当块执行的时候，它们被用来临时存储数据，当退出该块，堆栈重新分配时，这些数据就丢失。

4. 逻辑块的编程

打开一个逻辑块（FC或FB）后，各部分功能如图2-5-3所示。对逻辑块编程时编辑下列部分：

① 变量声明表：分别定义形参、静态变量（FC块中不包括静态变量）和临时变量；确定各变量的声明类型、变量名和数据类型，还要为变量设置初始值。如果需要还可为变量注释。

② 程序段：对将要由PLC进行处理的程序进行编程。

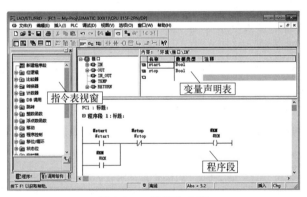

图2-5-3　逻辑块功能

（1）临时变量的定义和访问

在使用临时变量之前，必须在块的变量声明表中进行定义，在TEMP行中输入变量名和数据类型，临时变量不能赋初值。

用符号地址访问临时变量，如加法指令的结果存放在临时变量aa中，如图2-5-4所示。

（2）定义形式参数

在变量声明表中定义形式参数，在参数接口类型中，分别定义IN、OUT或IN_OUT。如图2-5-5所示。

图 2-5-4　临时变量

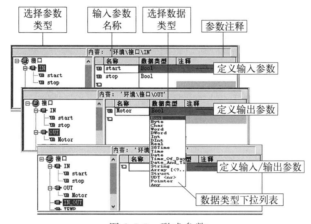

图 2-5-5　形式参数

（3）编写控制程序

编写逻辑块（FC 和 FB）程序时，可以用以下两种方式使用局部变量：

① 使用变量名，此时变量名前加前缀"♯"，以区别于在符号表中定义的符号地址。增量方式下，前缀会自动产生。

② 直接使用局部变量的地址，这种方式只对背景数据块和 L 堆栈有效。

在调用 FB 时，要说明其背景数据块。背景数据块应在调用前生成，其顺序格式与变量声明表必须保持一致。

二、功能（FC）与功能块（FB）的编程与应用

1. 功能（FC）编程与应用

（1）不带参数功能（FC）编程与应用

所谓无参功能（FC），是指在编辑功能（FC）时，在局部变量声明表不进行形式参数的定义，在功能（FC）中直接使用绝对地址完成控制程序的编程。这种方式一般应用于分部式结构的程序编写，每个功能（FC）实现整个控制任务的一部分，不重复调用。

例 2-5-1：实现手动、自动控制三盏灯，控制要求如下：

① 三盏灯可进行手动、自动控制，手动/自动由 I0.0 进行切换。

② 三盏灯可分别用三个开关进行手动控制。三盏灯分别由 Q0.0~Q0.2 驱动。用 I0.1 手动控制 Q0.0，用 I0.2 手动控制 Q0.1，用 I0.3 手动控制 Q0.2。

③ 自动控制时，三盏灯实现每隔 1s 轮流点亮并循环。

根据控制要求，编程思路为：创建 STEP7 项目，完成硬件组态，建立两个不带参数的功能 FC1 和 FC2。在 FC1 中编写手动控制程序，在 FC2 中编写自动控制程序。然后在 OB1 中，根据 I0.0 的状态分别调用 FC1 和 FC2。手动/自动控制程序结构如图 2-5-6 所示。

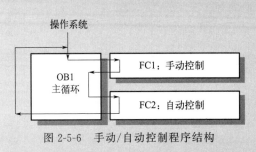

图 2-5-6　手动/自动控制程序结构

① 创建项目及硬件组态。创建 STEP7 项目，命名为"手自动控制"，完成硬件组态。

② 创建功能 FC。在 SIMATIC 管理器中的菜单栏中，点击"插入"→"S7 块"→"功能"，分别创建 2 个功能（FC）：FC1 和 FC2。在"属性-功能"对话框中，符号名分别为：手动控制和自动控制。如图 2-5-7 所示。

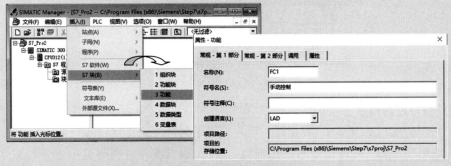

图 2-5-7　功能 FC 的生成

③ 编辑 FC1 和 FC2 的控制程序。FC1 手动控制程序如图 2-5-8 所示，FC2 自动控制程序如图 2-5-9 所示。

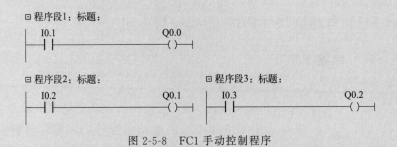

图 2-5-8　FC1 手动控制程序

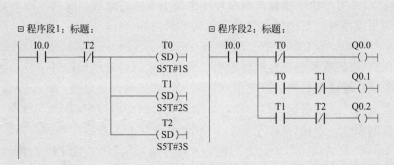

图 2-5-9　FC2 自动控制程序

④ 在 OB1 中调用功能 FC1、FC2。OB1 主循环组织块程序如图 2-5-10 所示。

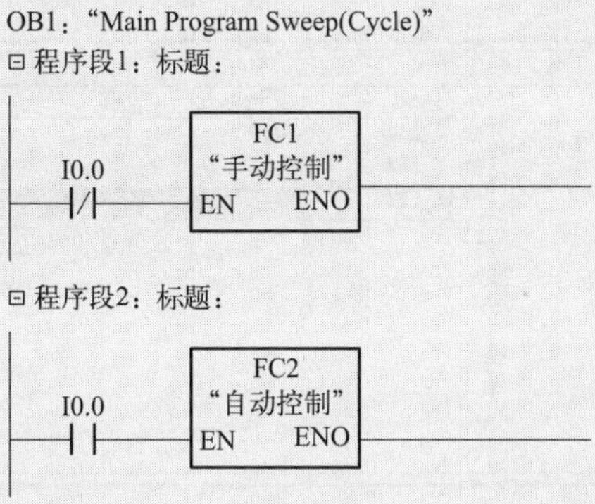

图 2-5-10　OB1 主循环组织块程序

⑤ 程序仿真。打开 S7-PLCSIM，将所有的逻辑块下载到仿真 PLC 中，将仿真器中的 CPU 切换到 "RUN" 模式，打开 OB1，单击工具栏上的 [66]，启动程序状态监视功能，程序仿真结果如图 2-5-11 所示。

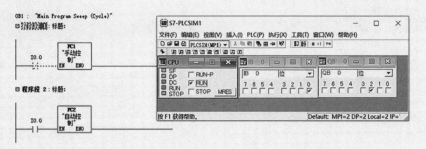

图 2-5-11　程序仿真结果

（2）带参数功能（FC）编程与应用

所谓有参功能（FC），是指编辑功能（FC）时，在局部变量声明表内定义了形式参数，在功能（FC）中使用了虚拟的符号地址完成控制程序的编程，以便在其他块中能重复调用有参功能（FC）。这种方式一般应用于结构化程序编写，优点：

① 程序只需生成一次，减少编程时间。

② 该块只在用户存储器中保存一次，降低存储器的用量。

③ 该块可以被用户程序任意次调用，每次使用不同的地址。该块采用形式参数编程，当用户程序调用该块时，要用实际参数赋值给形式参数。

带参数功能 (FC) 编程-风机运行控制

例 2-5-2： 煤矿通风管道有三台电机，当两台或三台电机运行时，表示运行正常，此时状态指示灯绿灯亮；当一台电机运行时，状态指示灯黄灯亮，以示警告；当三台电机都不运行时，状态指示灯红灯亮，以示报警。试编写控制程序。

根据控制要求，创建 STEP7 项目，完成硬件组态；之后在 SIMATIC 管理器中的菜单栏中，点击"插入"→"S7 块"→"功能"，创建功能 FC1。需要定义 A_run、B_run、C_run 三个 IN 输入变量，G_LED、Y_LED、R_LED 三个 OUT 输出变量。数据类型均为 BOOL，变量声明表如图 2-5-12 所示。在 FC1 中编写控制程序，如图 2-5-13 所示。

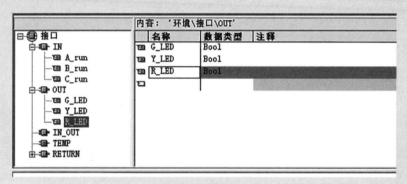

图 2-5-12　变量声明表

最后在 OB1 中调用 FC1，对输入 A_run、B_run、C_run 赋予实参，分别为 I0.0、I0.1、I0.2。对输出 G_LED、Y_LED、R_LED 赋予实参，分别为 Q0.0、Q0.1、Q0.2，如图 2-5-14 所示。

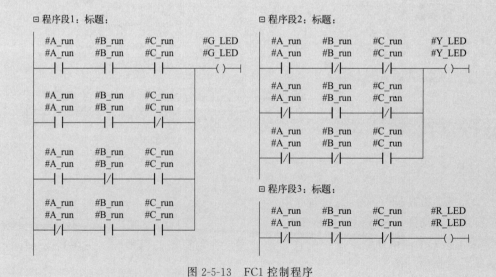

图 2-5-13　FC1 控制程序

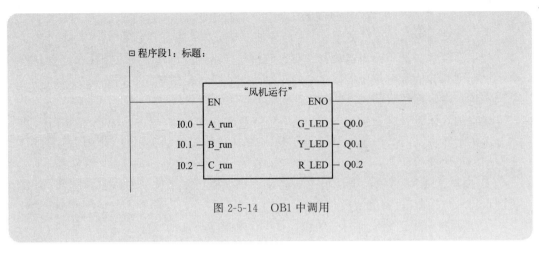

图 2-5-14　OB1 中调用

2. 功能块（FB）编程与应用

功能块（FB）在程序的体系结构中位于组织块之下。它包含程序的一部分，这部分程序在 OB1 中可以多次调用。功能块（FB）的所有形参和静态数据都存储在一个单独的、被指定给该功能块的数据块（DB）中，该数据块被称为背景数据块。

当调用 FB 时，该背景数据块会自动打开，实际参数的值被存储在背景数据块中；当块退出时，背景数据块中的数据仍然保持。

FB 与 FC 可以做同一件事，二者的区别为：

① FC 无自己的专属存储区，涉及地址分配时，必须调用外部的地址。

② FB 有自己的专属存储区，叫作背景数据块。使用时，必须和专属的背景数据块同时调用，以存储自己程序运行时产生的结果。

（1）不带静态参数功能块（FB）编程与应用

例 2-5-3：水箱水位控制系统如图 2-5-15 所示。系统有 3 个贮水箱，每个水箱有 2 个液位传感器，UH1、UH2、UH3 为高液位传感器，"1" 有效；UL1、UL2、UL3 为低液位传感器，"0" 有效。Y1、Y3、Y5 分别为 3 个贮水箱进水电磁阀；Y2、Y4、Y6 分别为 3 个贮水箱放水电磁阀。SB1、SB3、SB5 分别为 3 个贮水箱放水电磁阀手动开启按钮；SB2、SB4、SB6 分别为 3 个贮水箱放水电磁阀手动关闭按钮。

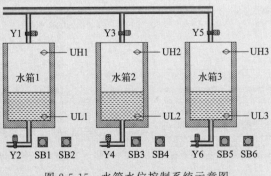

图 2-5-15　水箱水位控制系统示意图

控制要求：SB1、SB3、SB5 在 PLC 外部操作设定，通过人为的方式，按随机的顺序将水箱放空。只要检测到水箱"空"的信号，系统就自动地向水箱注水，直到检测到水箱"满"信号为止。水箱注水的顺序要与水箱放空的顺序相同，每次只能对一个水箱进行注水操作。

编程的具体思路为：创建 STEP7 项目→硬件配置→编写符号表→规划程序结构→编辑功能块（FB）→建立背景数据块（DB）→编辑启动组织块 OB100→在 OB1 中调用功能块及仿真。

① 创建 STEP7 项目与硬件组态。创建水箱水位控制系统的 STEP7 项目，命名为"水箱水位控制"，并完成硬件组态。

② 编写符号表。完成符号表编辑，如图 2-5-16 所示。

③ 规划程序结构。水箱水位控制系统的三个水箱的操作要求相同，因此可以由一个功能块（FB）通过赋予不同的实参来实现，程序结构如图 2-5-17 所示。

	状态	符号	地址		数据类型	注释
1		COMPLETE RESTART	OB	100	OB ...	Complete Restart
2		FB1	FB	1	FB ...	水箱控制功能块
3		SB1_1#放水启动	I	1.0	BOOL	水箱1放水启动按钮，常开
4		SB2_1#放水停止	I	1.1	BOOL	水箱1放水停止按钮，常开
5		SB3_2#放水启动	I	1.2	BOOL	水箱2放水启动按钮，常开
6		SB4_2#放水停止	I	1.3	BOOL	水箱2放水停止按钮，常开
7		SB5_3#放水启动	I	1.4	BOOL	水箱3放水启动按钮，常开
8		SB6_3#放水停止	I	1.5	BOOL	水箱3放水停止按钮，常开
9		UH1_1#高液位	I	0.1	BOOL	水箱1高液位传感器，"1"表示水箱满
10		UH2_2#高液位	I	0.3	BOOL	水箱2高液位传感器，"1"表示水箱满
11		UH3_3#高液位	I	0.5	BOOL	水箱3高液位传感器，"1"表示水箱满
12		UL1_1#低液位	I	0.0	BOOL	水箱1低液位传感器，"0"表示水箱放空
13		UL2_2#低液位	I	0.2	BOOL	水箱2低液位传感器，"0"表示水箱放空
14		UL3_3#低液位	I	0.4	BOOL	水箱3低液位传感器，"0"表示水箱放空
15		Y1_1#进水	Q	0.0	BOOL	水箱1进水阀
16		Y2_1#放水	Q	0.1	BOOL	水箱1放水阀
17		Y3_2#进水	Q	0.2	BOOL	水箱2进水阀
18		Y4_2#放水	Q	0.3	BOOL	水箱2放水阀
19		Y5_3#进水	Q	0.4	BOOL	水箱3进水阀
20		Y6_3#放水	Q	0.5	BOOL	水箱3放水阀
21		水箱1DB	DB	1	FB ...	水箱1数据块
22		水箱2DB	DB	2	FB ...	
23		水箱3DB	DB	3	FB ...	
24						

图 2-5-16　水箱水位控制符号表

控制程序由三个逻辑块（OB100、OB1 和 FB1）和三个背景数据块（DB1、DB2 和 DB3）构成。其中，OB1 为主循环组织块，OB100 为初始化程序，FB1 为水箱控制程序，DB1 为水箱 1 数据块，DB2 为水箱 2 数据块，DB3 为水箱 3 数据块。

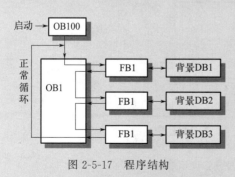

图 2-5-17　程序结构

④ 编辑功能块（FB1）。在"水箱水位控制"项目内选择"块"，单击右键，执行菜单命令"插入新对象"→"功能块"，创建功能块 FB1。由于在符号表内已经为 FB1 定义了符号名，因此在 FB1 的属性对话框内系统会自动添加符号名"水箱控制功能块"。

　　a. 定义局部变量声明表。FB1 定义的局部变量声明表如图 2-5-18 所示。与功能（FC）不同，在功能块（FB）参数表内还有排除地址和终端地址选项。通过激活该选项，可选择 FB 参数和静态变量的特性，它们只与连接过程诊断有关，本例不激活。

图 2-5-18　水箱水位控制局部变量声明表

　　b. 编写程序代码。FB1 控制程序如图 2-5-19 所示。

　　⑤ 建立背景数据块。在"水箱水位控制"项目内选择"块"，单击右键，执行菜单命令"插入新对象"→"数据块"，弹出"属性-数据块"对话框，如图 2-5-20 所示。依次再建立 DB2 与 DB3。

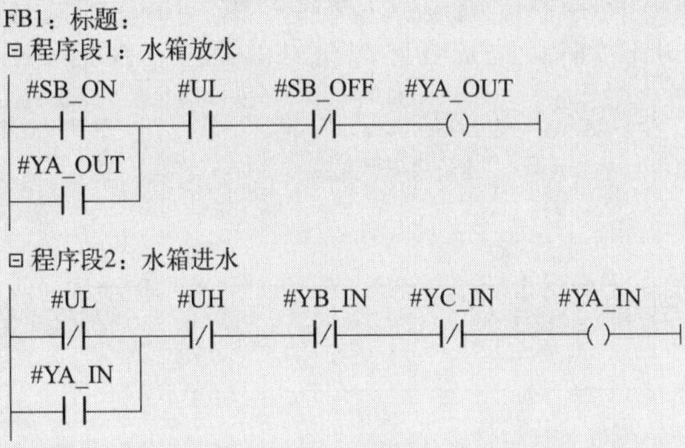

图 2-5-19　水箱水位控制 FB1 程序

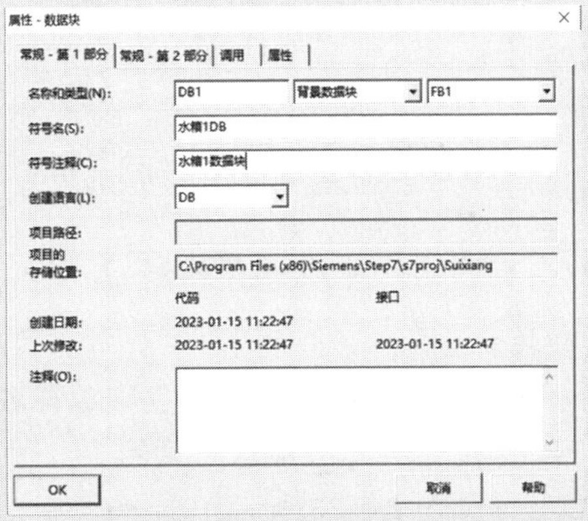

图 2-5-20　创建数据块 DB1

　　数据块 DB1 也可以在程序 OB1 调用 FB 时，在 FB 的上方填写 DB1，系统会自动生成。DB2 和 DB3 同理。

分别双击打开数据块 DB1、DB2、DB3，由于在创建 DB1、DB2、DB3 之前，已经完成 FB1 的变量声明，建立了相应的数据结构，因而，在创建与 FB1 相关联的 DB1、DB2、DB3 时，STEP7 中自动完成了数据块的数据结构，DB1 的数据结构如图 2-5-21 所示。

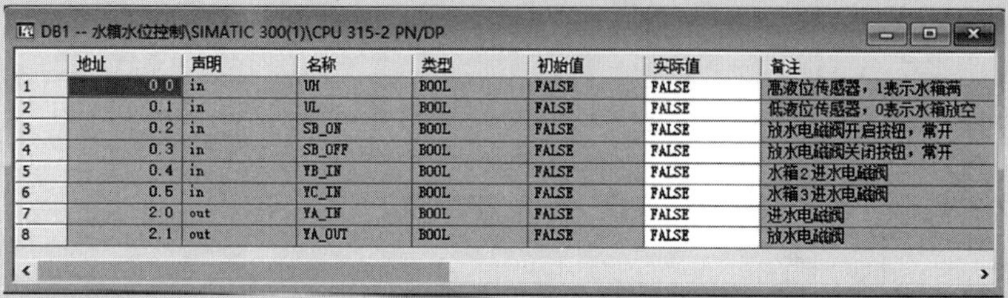

	地址	声明	名称	类型	初始值	实际值	备注
1	0.0	in	UH	BOOL	FALSE	FALSE	高液位传感器，1表示水箱满
2	0.1	in	UL	BOOL	FALSE	FALSE	低液位传感器，0表示水箱放空
3	0.2	in	SB_ON	BOOL	FALSE	FALSE	放水电磁阀开启按钮，常开
4	0.3	in	SB_OFF	BOOL	FALSE	FALSE	放水电磁阀关闭按钮，常开
5	0.4	in	YB_IN	BOOL	FALSE	FALSE	水箱2进水电磁阀
6	0.5	in	YC_IN	BOOL	FALSE	FALSE	水箱3进水电磁阀
7	2.0	out	YA_IN	BOOL	FALSE	FALSE	进水电磁阀
8	2.1	out	YA_OUT	BOOL	FALSE	FALSE	放水电磁阀

图 2-5-21　DB1 的数据结构

⑥ 编辑启动组织块 OB100。

在"水箱水位控制"项目内选择"块"，单击右键，执行菜单命令"插入新对象"→"功能块"，在弹出的"属性-数据块"对话框中输入"OB100"。启动组织块 OB100 在 CPU 启动时，只运行一次，用于系统的初始化。

在启动组织块 OB100 内，完成各输出信号的复位，控制程序如图 2-5-22 所示。

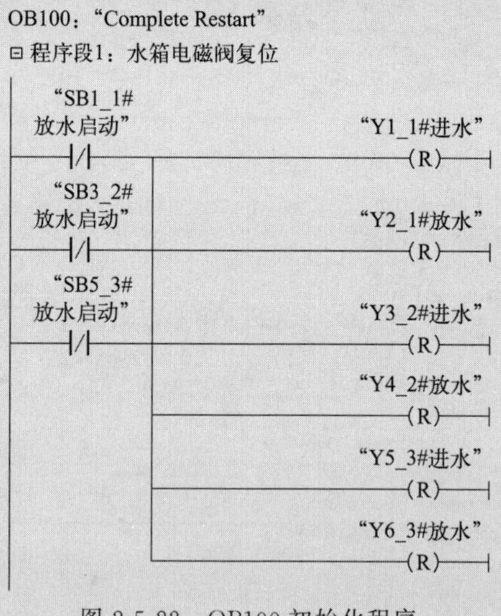

OB100："Complete Restart"
□ 程序段1：水箱电磁阀复位

图 2-5-22　OB100 初始化程序

⑦ 在 OB1 中调用功能块及仿真。

在 OB1 中调用功能块 FB1 编辑完成以后，在程序编辑器界面左边总览的 FB 目录中就会出现可调用的 FB1；在 OB1 的代码区可调用 FB1 并赋予实参，实现对 3 个水箱的控制。OB1 的控制程序如图 2-5-23 所示。

在 OB1 中调用了三次 FB1，注意三次调用 FB1 的背景数据块要正确，FB1 的实参地址不能重叠。

　　打开仿真器 S7-PLCSIM，将所有的块下载到仿真 PLC 中，将仿真切换到"RUN"模式，打开 OB1，启动程序监控功能，观察程序状态变化是否符合控制要求。

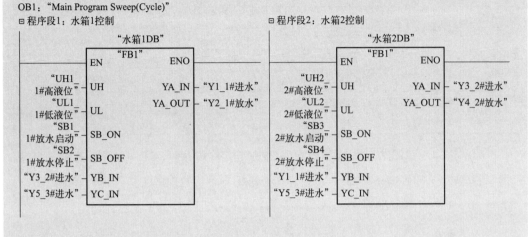

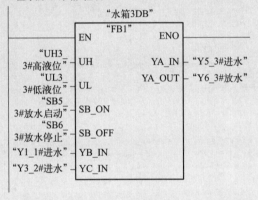

图 2-5-23　OB1 程序

（2）带静态参数功能块（FB）编程与应用

　　在编辑功能块（FB）时，如果程序设计需要特定数据的参数，可以考虑将该特定数据定义为静态参数，并在 FB 的声明表中的 STAT 处声明。

　　例 2-5-4：编程实现 $y=ax^2+bx+c$ 的算法，其中，a、b、c 为常数，初始值分别为 1、2、3。在应用时，可根据需要而改变。该算法在程序中可以多次调用。

　　编程思路：因 $y=ax^2+bx+c$ 的算法能在程序中多次调用，所以采用 FB 来编程实现。然后在主程序中对 FB 多次调用，可以把 a、b、c 设置成静态变量。

　　首先新建一个 STEP7 项目，并完成硬件组态。然后新建功能块 FB1，FB1 的变量声明表如表 2-5-3 所示，其中，a、b、c 为静态变量，t1、t2 为临时变量。FB1 的程序如图 2-5-24 所示。

表 2-5-3　FB1 变量声明表

接口类型	变量名	数据类型	地址	初始值	排除地址	终端地址	注释
IN	x	INT	0.0	0			
OUT	y	INT	2.0	0			
STAT	a	INT	4.0	1			
	b	INT	6.0	2			
	c	INT	8.0	3			
TEMP	t1	INT	0.0	0			
	t2	INT	2.0	0			

主程序 OB1 如图 2-5-25 所示，在 OB1 主程序中调用两次 FB1，第一次调用实现 $y=x^2+2x+3$ 的算法，赋值 x 为 1，结果存在 MW0 地址中。第二次调用实现 $y=4x^2+5x+6$ 的算法，赋值 x 为 2，结果存在 MW2 地址中。

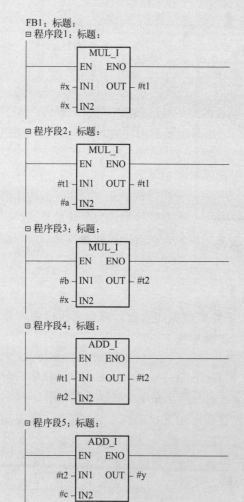

图 2-5-24　FB1 计算程序

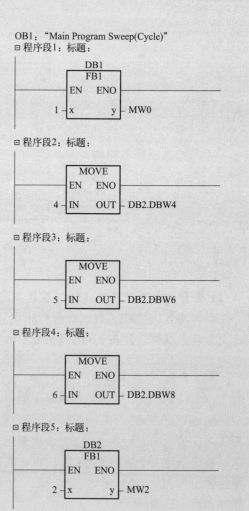

图 2-5-25　主程序 OB1

三、组织块与中断处理

1. 组织块

组织块（OB）是操作系统与用户程序的接口，由操作系统调用，组织块中的程序是用户编写的。组织块的构成如图 2-5-26 所示。

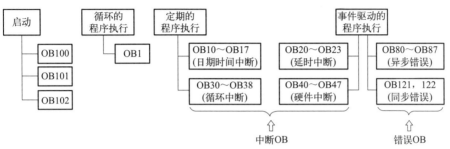

图 2-5-26 组织块的构成

当操作系统调用其他组织块时，循环的程序执行被中断，因为 OB1 的优先级最低。所以任何其他的 OB 都可以中断主程序并执行自己的程序，执行完毕后从断点处开始恢复执行 OB1。当比当前执行的程序优先级更高的 OB 被调用时，在当前指令结束后产生中断。组织块按照优先级的顺序执行（1——最低优先级，29——最高优先级）。组织块的启动事件及对应优先级如表 2-5-4 所示。

表 2-5-4　组织块的启动事件及对应优先级

OB 编号	启动事件	默认优先级	说明
OB1	启动或上一次循环结束时执行 OB1	1	主程序循环
OB10～OB17	日期时间中断 0～7	2	在设置的日期时间启动
OB20～OB23	时间延时中断 0～3	3～6	延时后启动
OB30～OB38	循环中断 0～8，时间间隔分别为 5s、2s、1s、500ms、200ms、100ms、50ms、20ms、10ms	7～15	以设定的时间为周期运行
OB40～OB47	硬件中断 0～7	16～23	检测外部中断请求时启动
OB55	状态中断	2	DPV 中断（PROFIBUS-DP）
OB56	刷新中断	2	
OB57	制造厂特殊中断	2	
OB60	多处理中断，调用 SFC35 时启动	25	多处理中断的同步操作
OB61～OB64	同步循环中断 1～4	25	同步循环中断
OB65	技术功能同步中断	25	
OB70	I/O 冗余错误	25	冗余故障中断，只用于 H 系列的 CPU
OB72	CPU 冗余错误，例如一个 CPU 发生故障	28	
OB73	通信冗余错误中断，例如冗余连接的丢失	25	
OB80	时间错误	26，启动为 28	异步错误中断
OB81	电源故障	25，启动为 28	
OB82	诊断中断	25，启动为 28	

续表

OB 编号	启动事件	默认优先级	说明
OB83	插入/拔出模块中断	25,启动为 28	异步错误中断
OB84	CPU 硬件故障	25,启动为 28	
OB85	优先级错误	25,启动为 28	
OB86	扩展机架、DP 主站系统或分布式 I/O 站故障	25,启动为 28	
OB87	通信故障	25,启动为 28	
OB88	过程中断	28	
OB90	暖或冷启动或删除一个正在 OB90 中执行的块或装载一个 OB90 到 CPU 或中止 OB90	29	背景循环
OB100	暖启动	27	启动
OB101	热启动(S7-300 和 S7-400H 不具备)	27	
OB102	冷启动	27	
OB121	编程错误	与引起中断的 OB 相同	同步错误中断
OB122	I/O 访问错误		

(1) 启动组织块 OB100～OB102

打开 CPU 模块的属性对话框的"启动"选项卡,S7-300 CPU 可以选择暖启动、热启动、冷启动这 3 种启动方式中的一种,绝大多数 S7-300 CPU 只能暖启动。

OB100～OB102 是启动组织块,用于系统初始化。CPU 上电或运行模式由"STOP"切换到"RUN"时,CPU 只是在第一个扫描循环周期执行一次启动组织块。

① 暖启动:过程映像寄存器中的数据以及非保持型的存储器、定时器和计数器被复位。具有保持功能的存储器、定时器、计数器和所有的数据块将保留原数值。执行一次 OB100 后,循环执行 OB1。

② 热启动:如果 S7-400 在模式"RUN"时,电源突然丢失,然后又很快重新上电,将执行 OB101,自动完成热启动,从上次"RUN"模式结束时程序被中断之处继续执行,不对计数器等复位。

③ 冷启动:上述的所有系统存储区均被清除,即被复位为零,包括有保持功能的存储区。用户程序从装载存储器被载入工作存储器,调用 OB102 后,循环执行 OB1。

用户可以通过在启动组织块 OB100～OB102 中编写程序,来设置 CPU 的初始化操作,例如设置开始运行时某些变量的初始值和输出模块的初始值等。

启动组织块
OB100

> **例 2-5-5:**启动时,将 35 给 MW0。在启动一刹那,执行一次。
>
> 在 STEP7 主界面,插入 OB100 组织块,如图 2-5-27 所示。打开 OB100 组织块,编辑程序。之后,打开仿真器,将所有逻辑块下载到仿真器中,仿真运行。可以看到,当将仿真器的 CPU 切换到"RUN"模式时,在 OB100 组织块中,立即将 35 传送到 MW0 中,如图 2-5-28 所示。

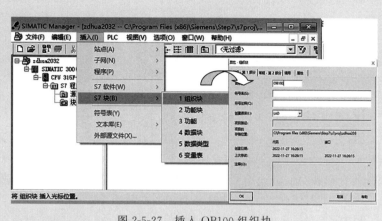

图 2-5-27　插入 OB100 组织块

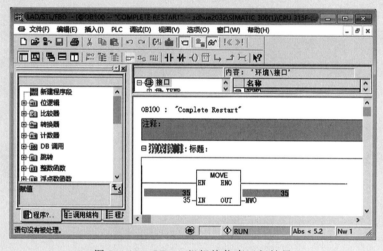

图 2-5-28　OB100 组织块仿真运行结果

（2）循环执行组织块 OB1

OB1 是循环执行的组织块，其优先级为最低。

在运行时将反复循环执行 OB1 中的程序，当有优先级较高的事件发生时，CPU 将中断当前的任务，去执行优先级较高的组织块，执行完成以后，CPU 将回到断点处继续执行。

2. 中断处理

中断处理用来实现对特殊内部事件或外部事件的快速响应。CPU 检测到中断请求时，立即响应中断，调用中断源对应的中断程序。执行完中断程序后，返回被中断的程序中。

中断源类型主要有：I/O 模块的硬件中断、软件中断，例如日期时间中断、延时中断、循环中断和编程错误引起的中断等。

（1）日期时间中断组织块

日期时间中断组织块有 OB10～OB17，共 8 个。CPU 318 只能使用 OB10 和 OB11，其余的 S7-300 CPU 只能使用 OB10。S7-400 可以使用的日期时间中断 OB（OB10～OB17）的个数与 CPU 的型号有关。

日期时间中断可以在某一特定的日期和时间执行一次，也可以从设定的日期时间开始，周期性地重复执行，例如每分钟、每小时、每天，甚至每年执行一次。可以用 SFC28～SFC30 重新设置、取消或激活日期时间中断。

例 2-5-6：采用 OB10，使 MW32 中的数从 2022.11.27.17：26：00 开始，每分钟加 1，当 I0.0 接通时，取消中断。

方法一：采用 CPU 设置日期时间中断。

首先在 CPU 中设置日期时间中断，在 STEP7 中打开硬件组态工具→双击机架中的 CPU 模块→打开设置 CPU 属性的对话框→点击"时间中断"选项卡→设置启动日期时间中断的日期和时间→选中"激活"复选框→在"执行"列表框中选择执行方式（每分钟），如图 2-5-29 所示。

之后在 STEP7 主界面，插入 OB10→在 OB10 中编写程序→运行程序，将在设定时间产生中断。将硬件组态数据下载到 CPU 中，可以实现日期时间中断的自动启动，仿真运行结果如图 2-5-30 所示。

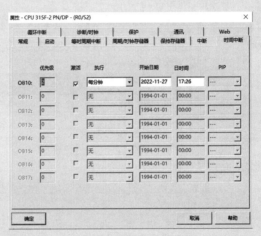

图 2-5-29　CUP 中设置和激活日期时间中断

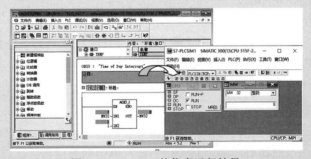

图 2-5-30　OB10 的仿真运行结果

方法二：采用 SFC28（SET_TINT）和 SFC30（ACT_TINT）设置和激活日期时间中断。

① 设置日期时间中断 [SFC28（SET_TINT）]；
② 取消日期时间中断 [SFC29（CAN_TINT）]；

③ 激活日期时间中断〔SFC30（ACT_TINT）〕。

在调用 SFC28 时，参数 PERIOD 为十六进制数 W♯16♯0000，W♯16♯0201，W♯16♯0401，W♯16♯1001，W♯16♯1201，W♯16♯1401，W♯16♯1801 和 W♯16♯2001 时，分别表示执行一次、每分钟执行一次、每小时执行一次、每天执行一次、每周执行一次、每月执行一次、每年执行一次和月末执行一次。

具体过程：首先在 OB1 中，应用 IEC 功能 D_TOD_DT（FC3）来合并日期和时间，它在程序编程器左边的指令目录与程序库窗口的文件夹库/Standard Library/IEC Function Blocks 中，如图 2-5-31 所示。之后在 OB1 中，完成设置中断、激活中断和取消中断的调用和设置，如图 2-5-32 所示。

在 OB1 中完成程序的编写，最后仿真运行。

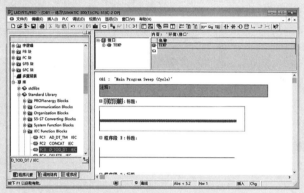

图 2-5-31　IEC 功能 FC3 合并日期和时间功能的调用

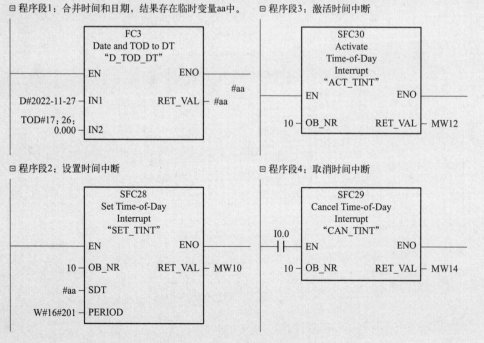

图 2-5-32　时间中断的调用与设置

（2）循环中断组织块

循环中断组织块用于按一定时间间隔循环执行中断程序，例如周期性地定时执行某一段程序，间隔时间从"STOP"模式切换到"RUN"模式时开始计算。

循环中断组织块 OB30～OB38 默认的时间间隔和中断优先级如表 2-5-5 所示。CPU 318 只能使用 OB32 和 OB35，其余的 S7-300 CPU 只能使用 OB35。S7-400 CPU 可以使用的循环中断 OB 的个数与 CPU 型号有关。

可以调用 SFC40 和 SFC39 来激活和禁止循环中断。

表 2-5-5　循环中断组织块默认的时间间隔和中断优先级

OB 号	时间间隔	优先级	OB 号	时间间隔	优先级
OB30	5s	7	OB35	100ms	12
OB31	2s	8	OB36	50ms	13
OB32	1s	9	OB37	20ms	14
OB33	500ms	10	OB38	10ms	15
OB34	200ms	11			

例 2-5-7：用循环中断，实现 8 盏彩灯的循环点亮控制。要求彩灯每 1s 变化一次。通过开关 I0.0 的状态控制左移一位或右移一位。通过开关可以控制循环移位暂停，也可以控制彩灯重新移动。

过程分析：在启动组织块 OB100 设置 8 盏彩灯点亮的初始状态。在 CPU 中设置循环中断，将 OB35 的循环周期设置为 1s。之后在 OB35 中编写程序控制彩灯循环移位，实现彩灯每 1s 变化一次。通过 OB1 调用 SFC40 和 SFC39 来激活和禁止循环中断，并仿真运行。

在 STEP7 中打开硬件组态工具→双击机架中的 CPU 模块→打开设置 CPU 属性的对话框→点击"循环中断"选项卡→设置 OB35 的执行时间为 1000ms。如图 2-5-33 所示。

图 2-5-33　设置 OB35 的执行时间

插入 OB100 组织块，双击打开，编写 OB100 程序，采用传送指令，让第一盏灯点亮。如图 2-5-34 所示。

OB100："Complete Restart"
□ 程序段1：标题：

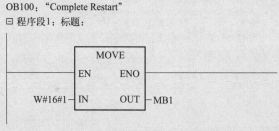

图 2-5-34 设置 OB100 程序

插入 OB35 组织块，双击打开，编写 OB35 程序，采用传送指令，控制每盏灯间隔 1s 循环点亮。如图 2-5-35 所示。

通过 OB1 调用 SFC40 和 SFC39 来激活和禁止循环中断。如图 2-5-36 所示。

打开仿真软件 S7-PLCSIM，下载系统数据和所有的块后，切换到"RUN"模式，CPU 调用一次 OB100，MB0 被设置为初始值 1。OB35 被自动激活，CPU 每 1s 调用一次 OB35。当 I0.0 接通时，QB0 的值每 1s 左移 1 位。如图 2-5-37 所示。

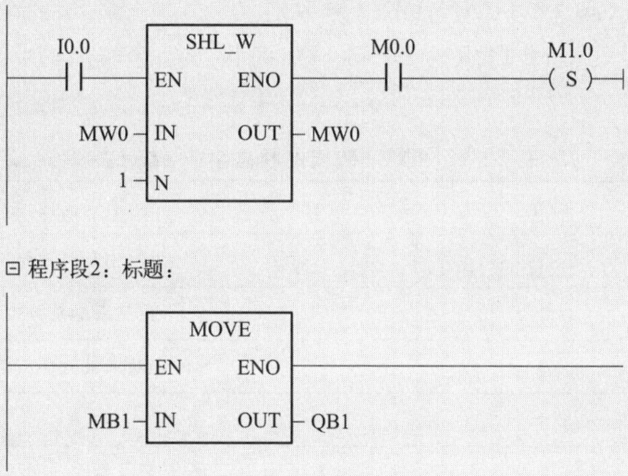

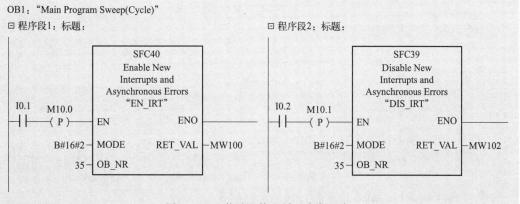

图 2-5-35 OB35 控制程序

OB1："Main Program Sweep(Cycle)"
□ 程序段1：标题：　　　　　　　　　　　　　□ 程序段2：标题：

图 2-5-36 激活和禁止循环中断程序

图 2-5-37 仿真运行

（3）延时中断组织块

PLC 中的普通定时器的工作与扫描工作方式有关，其定时精度受到不断变化的循环周期的影响。使用延时中断可以获得精度较高的延时，延时中断以 ms 为单位定时。

STEP7 提供了 4 个延时中断 OB（OB20～OB23），CPU 可以使用的延时中断 OB 的个数与 CPU 的型号有关，S7-300（不含 CPU 318）只能使用 OB20。

延时中断可以用 SFC32（SRT_DINT）启动，经过设定的时间触发中断，调用 SFC32 指定的 OB。

延时中断可以用 SFC33（CAN_DINT）取消。

延时中断可以用 SFC34（QRY_DINT）查询状态，它输出的状态字节 STATUS 如表 2-5-6 所示。

表 2-5-6　SFC34 输出的状态字节 STATUS

位	取值	含义
0	0	延时中断已被允许
1	0	未拒绝新的延时中断
2	0	延时中断未被激活或已完成
3	0	
4	0	没有装载延时中断组织块
5	0	日期时间中断组织块中没有被激活的测试功能被禁止

例 2-5-8： 在主程序 OB1 中实现以下功能。

① 在 I0.0 的上升沿用 SFC32 启动延时中断 OB20，10s 后 OB20 被调用，在 OB20 中将 Q0.0 置位，并立即输出。

② 在延时过程中如果 I0.1 由 0 变为 1，在 OB1 中用 SFC33 取消延时中断，OB20 不会再被调用。

③ I0.2 由 0 变为 1 时 Q0.0 被复位。

过程分析： 通过 OB1 调用 SFC32、SFC33 和 SFC34 来激活、取消和查询延时中断，如图 2-5-38 所示。之后在主界面插入 OB20，编写 OB20 控制程序，如图 2-5-39 所示。可以用 S7-PLCSIM 仿真软件模拟运行程序。

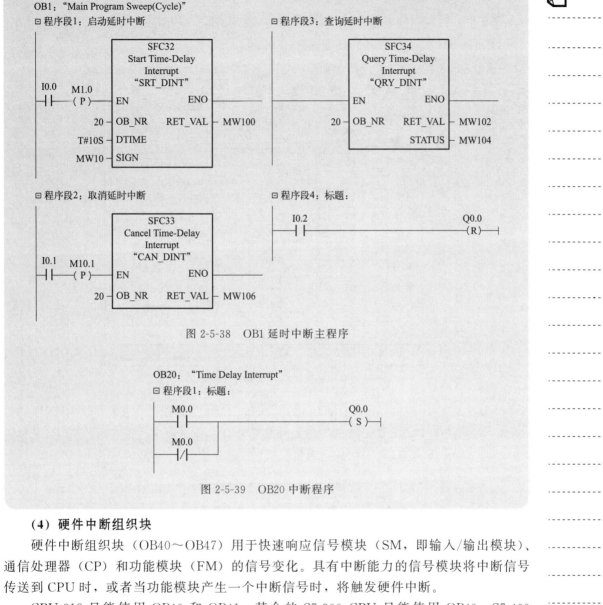

图 2-5-38　OB1 延时中断主程序

图 2-5-39　OB20 中断程序

（4）硬件中断组织块

硬件中断组织块（OB40～OB47）用于快速响应信号模块（SM，即输入/输出模块）、通信处理器（CP）和功能模块（FM）的信号变化。具有中断能力的信号模块将中断信号传送到 CPU 时，或者当功能模块产生一个中断信号时，将触发硬件中断。

CPU 318 只能使用 OB40 和 OB41，其余的 S7-300 CPU 只能使用 OB40。S7-400 CPU 可以使用的硬件中断 OB 的个数与 CPU 的型号有关。

硬件中断被模块触发后，操作系统将自动识别是哪一个槽的模块和模块中的哪一个通道产生的硬件中断。硬件中断 OB 执行完后，将发送通道确认信号。

例 2-5-9： CPU 313C-2 DP 集成的 16 点数字量可以逐点设置中断特性，要求：

① 通过 OB40 对应的硬件中断，在 I124.0 的上升沿将 CPU 集成的数字量输出，并将 Q124.0 置位；在 I124.1 的下降沿将 Q124.0 复位。

② 此外要求将中断产生的次数存储在 MW0 中。

在 STEP7 中生成一个项目，选用 CPU 313C-2 DP，在硬件组态中，打开 CPU 属性窗口，可知硬件中断中，只能使用 OB40。如图 2-5-40 所示。

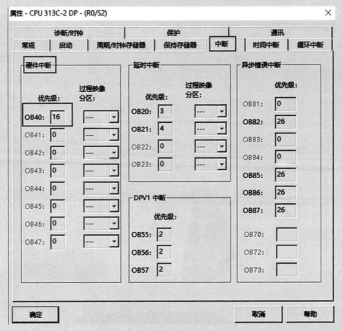

图 2-5-40   CPU 中硬件中断查看

双击机架中 CPU 313C-2 DP 内的 "DI16/DO16" 所在行，在打开的对话框的 "输入" 选项卡中，设置在 I124.0 的上升沿和 I124.1 的下降沿产生中断，如图 2-5-41 所示。之后在主界面插入 OB40，编写控制程序，如图 2-5-42 所示。

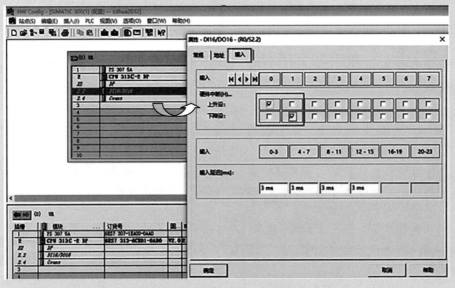

图 2-5-41   CPU 硬件中断设置

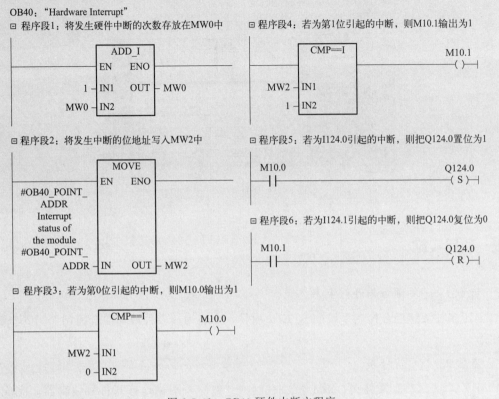

图 2-5-42   OB40 硬件中断主程序

下面介绍在 S7-PLCSIM 仿真软件中模拟硬件中断的方法。将仿真 PLC 切换到 "RUN" 模式,用 S7-PLCSIM 的菜单命令"执行"→"触发错误 OB"→"硬件中断 (OB40-OB47)"打开"硬件中断(OB40-OB47)",对话框如图 2-5-43 所示。

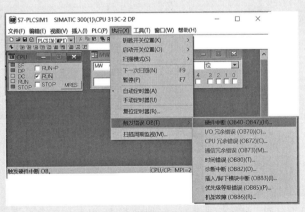

图 2-5-43   仿真软件硬件中断打开方式

在对话框中输入模块的起始地址和位地址 0。按"应用"键触发指定的硬件中断,这样就可把 Q124.0 置位为 1。将位改为 1,单击"应用"键又可使 Q124.0 复位为 0。如图 2-5-44 所示。

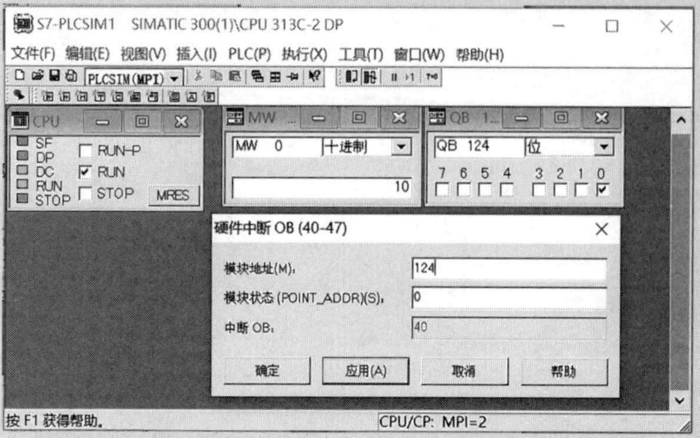

图 2-5-44　仿真软件中硬件中断模拟

项目实施

步骤 1：建立项目与硬件组态。

创建多种液体混合控制系统的 STEP7 项目，命名为"多种液体混合控制"，并完成硬件组态。

步骤 2：编辑符号表。

打开"S7 程序"文件夹，双击窗口右侧的"符号"图标，打开符号编辑器，完成符号表编辑，如图 2-5-45 所示。

	状态	符号	地址		数据类型	注释
1		VAT_1	VAT	1		
2		排空定时器	T	1	TIMER	接通延时，延时5s
3		搅拌定时器	T	0	TIMER	接通延时，搅拌10s
4		放料泵	Q	0.3	BOOL	"1"有效
5		搅拌器M	Q	0.2	BOOL	"1"有效
6		进料泵2	Q	0.1	BOOL	"1"有效
7		进料泵1	Q	0.0	BOOL	"1"有效
8		显示信号	PQW	272	WORD	液位指针显示器，输出模拟量信号
9		变送器液位信号	PIW	272	WORD	液位变送器，接收模拟量信号
10		最低液位标志	M	0.1	BOOL	液位即将放空
11		原始标志	M	0.0	BOOL	进料泵、放料泵、搅拌器均处于停机状态
12		停止	I	0.1	BOOL	停止按钮，常开
13		启动	I	0.0	BOOL	启动按钮，常开
14		放料控制	FC	2	FC	2	比较最低液位，延时关闭放料泵
15		搅拌控制	FC	1	FC	1	搅拌器延时关闭，启动放料泵
16		进料控制	FB	1	FB	1	液料A和液料B进料控制，进料结束后进入搅拌

图 2-5-45　多种液体混合控制系统符号表

步骤 3：规划程序结构。

OB1 为主循环组织块；OB100 为启动组织块；FC1 实现搅拌控制；FC2 实现放料控制；FB1 通过调用 DB1 和 DB2 实现液料 A 和液料 B 的进料控制；DB1 和 DB2 为液料 A 和液料 B 进料控制的背景数据块，在调用 FB1 时为 FB1 提供实际参数，并保存过程结果。程序结构如图 2-5-46 所示。

步骤 4：编辑功能（FC）。

在"多种液体混合控制"项目内，选择"块"文件夹，创建 2 个功能（FC）：FC1、

FC2。由于在符号表内已经为 FC1～FC2 定义了符号名，因此在创建 FC 的属性对话框内系统会自动添加符号名。

① 编辑 FC1。FC1 实现搅拌器的控制，控制程序如图 2-5-47 所示。

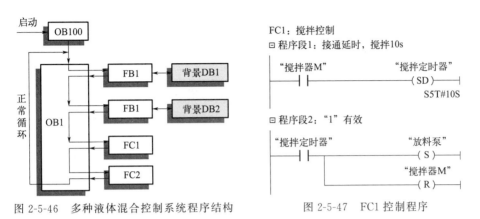

图 2-5-46　多种液体混合控制系统程序结构　　　　图 2-5-47　FC1 控制程序

② 编辑 FC2。FC2 实现放料的控制，控制程序如图 2-5-48 所示。

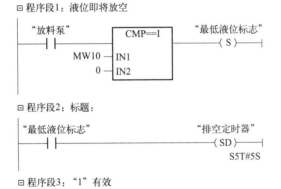

图 2-5-48　FC2 控制程序

步骤 5：创建无静态参数的功能块（FB1）。

在"多种液体混合控制"项目内，选择"块"文件夹，创建 1 个功能块 FB1。由于在符号表内已经为 FB1 定义了符号名，因此在创建 FB 的属性对话框内系统会自动添加符号名。定义 FB1 的局部变量声明表，A_IN 和 A_L 为 IN 型变量，数据类型为整型，如图 2-5-49 所示。Device1 和 Device2 为 IN_OUT 型变量，数据类型为 BOOL，如图 2-5-50 所示。

编写 FB1 控制程序，如图 2-5-51 所示。

步骤 6：编辑 OB100。

OB100 为启动组织块，其控制程序如图 2-5-52 所示。

步骤 7：在 OB1 中调用 FC1～FC2。

接口
IN
A_IN
A_L
OUT
IN_OUT
STAT
TEMP
名称
数据类型
地址
初始值
排除地址
终端地址
注释
A_IN
Int
0.0
0
A_L
Int
2.0
0
液位比较值

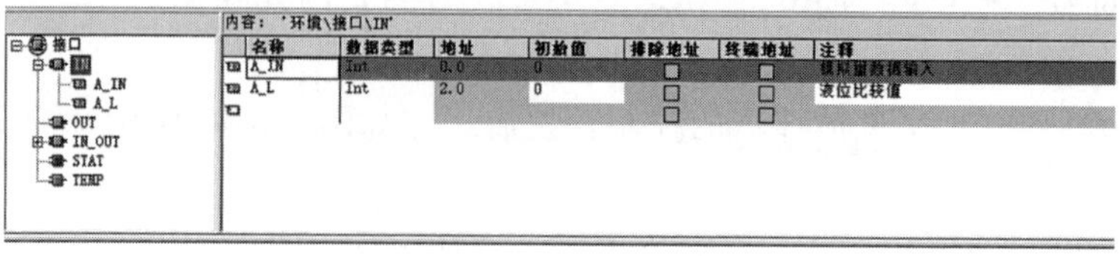

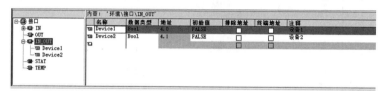

图 2-5-49 建立 IN 型变量

内容：'环境\接口\IN_OUT'
接口
IN
OUT
IN_OUT
Device1
Device2
STAT
TEMP
名称
数据类型
地址
初始值
排除地址
终端地址
注释
Device1
Bool
4.0
FALSE
设备1
Device2
Bool
4.1
FALSE
设备2

图 2-5-50 建立 IN_OUT 型变量

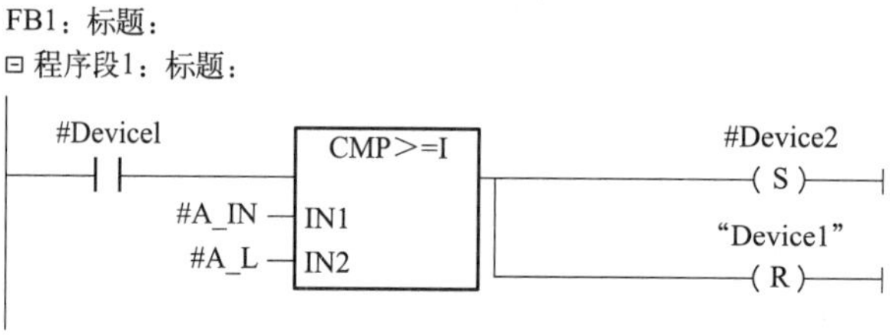

FB1：标题：
程序段1：标题：
#Devicel
CMP>=I
#A_IN
IN1
#A_L
IN2
#Device2
S
"Device1"
R

图 2-5-51 FB1 控制程序

OB100："Complete Restart"
程序段1：初始化所有输出变量
"启动"
"进料泵1"
(R)
"启动"
"进料泵2"
(R)
"搅拌器M"
(R)
"放料泵"
(R)
"原始标志"
(R)
"最低液位标志"
(R)

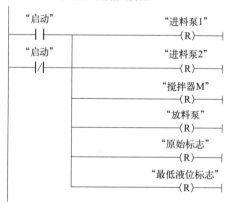

图 2-5-52 OB100 程序

当 FC1～FC2 编辑完成后，在 OB1 中可以直接调用，主循环 OB1 的梯形图如图 2-5-53 所示。

步骤 8： 仿真运行。

首先编辑变量表，在"块"文件夹下，点击"插入"→"S7 块"→"变量表"，新建一个变量表 VAT_1，完成变量表的编辑，如图 2-5-54 所示。

打开 S7-PLCSIM，将所有的逻辑块下载到仿真 PLC，将仿真切换到"RUN"模式，打开变量表 VAT_1 表，单击工具栏上的监控按钮，启动程序状态监视功能，程序仿真结果如图 2-5-55 所示。

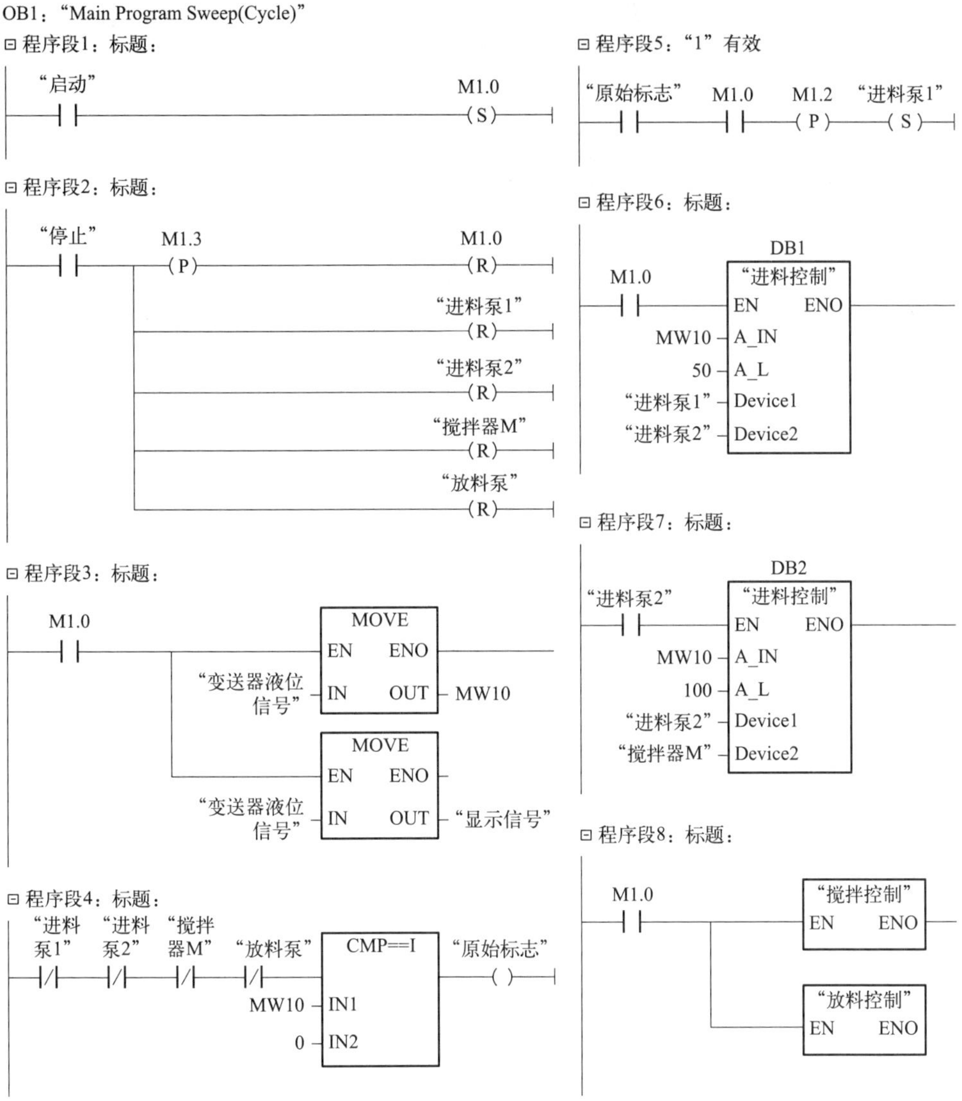

OB1："Main Program Sweep(Cycle)"

□ 程序段1：标题：

```
"启动"                          M1.0
 ─┤ ├─────────────────────────( S )
```

□ 程序段2：标题：

```
"停止"       M1.3              M1.0
 ─┤ ├──────( P )──────────────( R )
                               "进料泵1"
                              ─( R )
                               "进料泵2"
                              ─( R )
                               "搅拌器M"
                              ─( R )
                               "放料泵"
                              ─( R )
```

□ 程序段3：标题：

```
 M1.0                 ┌─ MOVE ─┐
 ─┤ ├────────────────┤EN   ENO├──────
                      │        │
      "变送器液位      ─┤IN  OUT├─ MW10
        信号"         └────────┘
                      ┌─ MOVE ─┐
                      ┤EN   ENO├──────
                      │        │
      "变送器液位      ─┤IN  OUT├─ "显示信号"
        信号"         └────────┘
```

□ 程序段4：标题：

```
"进料  "进料  "搅拌
 泵1"  泵2"  器M"   "放料泵"  ┌ CMP==I ┐  "原始标志"
─┤/├──┤/├──┤ ├────┤/├───────┤        ├────( )
                          MW10 ─┤IN1    │
                             0 ─┤IN2    │
                                └────────┘
```

□ 程序段5："1"有效

```
"原始标志"  M1.0   M1.2    "进料泵1"
 ─┤ ├──────┤ ├───┤ ├──( P )──( S )─┤
```

□ 程序段6：标题：

```
                          DB1
                       ┌"进料控制"┐
 M1.0                  │EN    ENO│
 ─┤ ├─────────────────┤         ├──────
               MW10 ─┤A_IN     │
                 50 ─┤A_L      │
            "进料泵1"─┤Device1  │
            "进料泵2"─┤Device2  │
                       └─────────┘
```

□ 程序段7：标题：

```
                          DB2
"进料泵2"              ┌"进料控制"┐
 ─┤ ├─────────────────┤EN    ENO│
                       │         │
              MW10 ─┤A_IN     │
               100 ─┤A_L      │
           "进料泵2"─┤Device1  │
           "搅拌器M"─┤Device2  │
                       └─────────┘
```

□ 程序段8：标题：

```
 M1.0                  ┌"搅拌控制"┐
 ─┤ ├─────────────────┤EN    ENO│
                       └─────────┘
                       ┌"放料控制"┐
                       ┤EN    ENO│
                       └─────────┘
```

图 2-5-53　OB1 程序

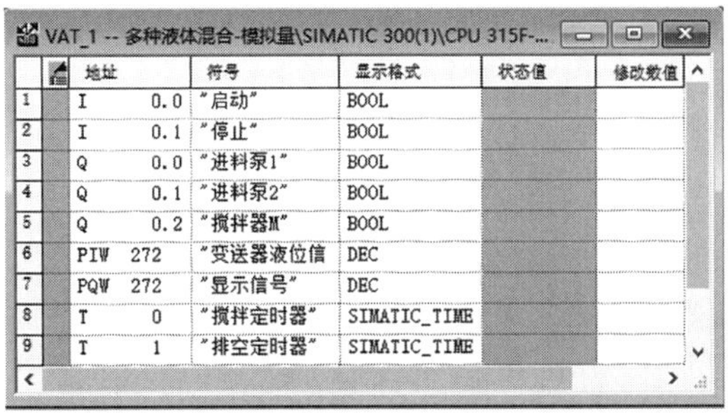

	地址		符号	显示格式	状态值	修改数值
1	I	0.0	"启动"	BOOL		
2	I	0.1	"停止"	BOOL		
3	Q	0.0	"进料泵1"	BOOL		
4	Q	0.1	"进料泵2"	BOOL		
5	Q	0.2	"搅拌器M"	BOOL		
6	PIW	272	"变送器液位信	DEC		
7	PQW	272	"显示信号"	DEC		
8	T	0	"搅拌定时器"	SIMATIC_TIME		
9	T	1	"排空定时器"	SIMATIC_TIME		

图 2-5-54　多种液体混合-模拟量控制变量表

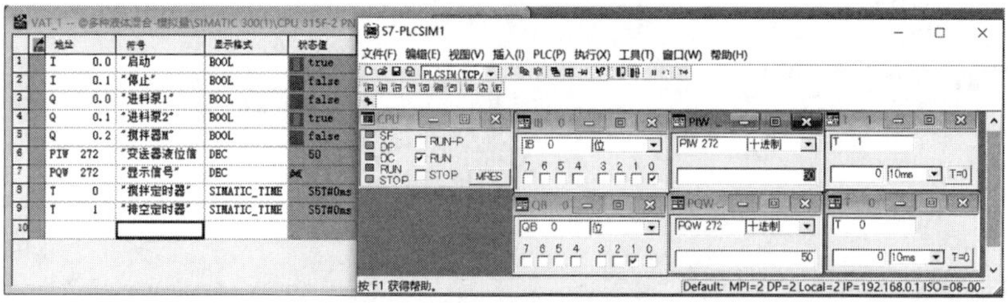

图 2-5-55　仿真运行结果

项目评价

项目评价表见附录的项目考核评价表。

思考与练习

一、填空题

1. OB 的含义为_____，是操作系统与用户程序的接口。

2. SFB 的含义为_____，集成在 CPU 模块中，通过 SFB 调用一些重要的系统功能，有存储区。

3. SFC 的含义为_____，集成在 CPU 模块中，通过 SFC 调用一些重要的系统功能，无存储区。

4. FB 的含义为_____，用户编写的包含经常使用的功能的子程序，有存储区。

5. FC 的含义为_____，用户编写的包含经常使用的功能的子程序，无存储区。

6. DB 的含义为_____，调用 FB 和 SFB 时用于传递参数的数据块，在编译过程自动生成数据。

7. DI 的含义为_____，存储用户数据的数据区域，供所有的块共享。

8. 西门子的 STEP7 编程软件提供了_____、模块化编程、结构化编程三种编程方法。

二、选择题

1. 在 STEP7 中，循环中断组织块是（　　）。

A. OB1　　　　　　B. OB10　　　　　　C. OB35　　　　　　D. OB100

2. 在 STEP7 中，初始化组织块是（　　）。

A. OB1　　　　　　B. OB10　　　　　　C. OB35　　　　　　D. OB100

3. 如果没有中断，CPU 循环执行（　　）。

A. OB1　　　　　　B. OB100　　　　　　C. OB82　　　　　　D. OB35

4. 调用（　　）时需要指定其背景数据块。

A. FB 和 FC　　　　B. SFC 和 FC　　　　C. SFB 和 FB　　　　D. SFB 和 SFC

5. 在梯形图中调用功能块时，功能块方框内和方框外分别对应（　　）。

A. 形参，形参　　　　　　　　　　　　B. 实参，实参

C. 形参，实参　　　　　　　　　　　　D. 实参，形参

三、思考题

1. STEP7 中有哪些逻辑块？

2. 功能 FC 和功能块 FB 有何区别？

3. 系统功能 SFC 和系统功能块 SFB 有何区别？

4. 共享数据块和背景数据块有何区别？

5. 用 I0.0 控制接在 Q4.0～Q4.7 上的 8 个彩灯循环移位，每 0.5s 移 1 位，首次扫描时给 Q4.0～Q4.7 置初值，用 I0.1 控制彩灯移位的方向，试设计控制程序。

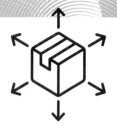

可编程控制器应用技术

项目六
水箱液位控制系统的设计与调试

项目要求

  近年来，PLC 以及变频调速技术日益发展，在机械、冶金、制造、化工等领域得到了普遍的应用。为满足温度、速度、流量等工艺变量的控制要求，常常要对这些模拟量进行控制，PLC 模拟量控制的应用也日益广泛。

  本项目采用 S7-300 PLC 实现水箱液位的控制。现有一水箱向外部用户供水，需对水箱中的液位进行控制，水箱液位控制系统的示意图如图 2-6-1 所示。采用一个液位变送器来检测水箱的液位，变送器检测到的 4～20mA 信号送入 S7-300 PLC 中，在 PLC 中对设定值与测量值的偏差进行 PID 运算，运算结果通过变频器调节水泵电机的转速，从而调节进水量，使水箱的液位保持在设定位置。

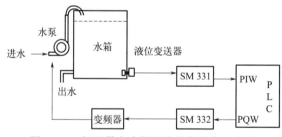

图 2-6-1　恒压供水水箱液位控制系统示意图

项目目标

  ① 理解 S7-300 模拟量控制原理；

  ② 理解并掌握 FC105、FC106 的应用；

  ③ 理解并掌握 PID 的控制原理；

④ 能够完成水箱液位控制系统的设计，提高编程及调试能力；

⑤ 培养热爱劳动、勇于创新的精神。

知识准备　模拟量控制相关知识

一、模拟量输入/输出概述

1. PLC模拟量控制原理

在自动化生产现场，存在着大量的模拟量，如压力、温度、流量、转速和浓度等，这些物理量是连续变化的数值，而PLC作为数字控制器不能直接处理物理量。因此，必须对这些物理量进行处理，将其转化为标准的电流或电压信号，再将它们转化成PLC的CPU能够处理的数据，这就是模/数（A/D）转换。

另外，很多执行器需要接收模拟量作为执行器的输入信号，所以，PLC处理过的数据有时还需要进行数/模（D/A）转换，用模拟信号（如电压、电流）来驱动执行器动作，从而达到控制物理量的目的。

PLC对模拟量的处理是通过模拟量模块或模拟量接口完成的。模拟量模块实现了标准的电信号（0～10V或0～20mA等）与PLC中的整数的映射。这种映射关系在经过组态和设置后就会一直存在。

如一个压力控制回路中，压力变送器输出DC 4～20mA信号到SM 331模拟量输入模块，SM 331模块将该信号转换成0～27648的整型数，然后在程序中调用FC105将该值转换成0～10.0MPa的工程量（实数），经PID运算后得到的结果仍为实数，用FC106将其转换为对应阀门开度0～100％的整型数0～27648后，经SM 332模拟量输出模块输出DC 4～20mA信号到调节阀的执行机构。

2. 西门子模拟量输入/输出模块

西门子S7-300系列的模拟量模块主要有SM 331、SM 332和SM 334。其中，SM 331是仅具有模拟量输入通道的模块，该模块可以连接电压传感器、电流传感器、热电偶、热电阻和电阻式温度计。SM 332仅带有模拟量输出通道，可以与执行器直接相连。而SM 334既有模拟量输入通道，又有拟量输出通道，该模块使用起来比较简单。

有些SM 331与SM 332模块背面还有量程卡，用户在使用的时候应该根据实际情况选择传感器的类型、量程，以及能够正确地接线，而SM 334既有模拟量输入通道，又有模拟量输出通道，不需要设置量程卡。

配有量程卡的模拟量模块，其量程卡在供货时已插入模块一侧，如果需要更改量程，必须重新调整量程卡，以更改测量信号的类型和测量范围。如图2-6-2所示，量程卡可以设定在A、B、C、D四个位置，各种测量信号类型和测量范围的设定在模拟量模块上有相应的标记指示，可以根据需要进行设定和调整。

量程卡有4种测量信号的范围，分别如下：

A——热电偶、热电阻测量；

B——电压测量；

量程卡

图2-6-2　量程卡

C——标准 4 线制电流；

D——标准 4～20mA 的 2 线制电流。

3. 模拟输入量的转换

S7-300 PLC 的模拟量输入模块可以处理各种标准模拟信号，不同测量范围内的模拟量在 PLC 中的表达方式各不相同，如表 2-6-1 所示。

① 对称的电压或电流（如 -5～$5V$、-10～$10V$、-10～$10mA$、-20～$20mA$ 等）转换结果的额定范围为 -27648 到 27648。

② 不对称的电压或电流的范围（如 1～$5V$，4～$20mA$ 等）转换结果的额定范围为 0 到 27648。

③ 电阻值的范围，转换结果的额定范围为 0 到 27648。

④ 温度用热电阻或热电偶来测量，转换结果的额定值用温度的 10 倍值来表示。

表 2-6-1 不同测量范围内的模拟量在 PLC 中的表达方式

范围	电压（示例）		电流（示例）		电阻（示例）		温度（示例）	
	测量范围 -10～$10V$	转换结果	测量范围 4～$20mA$	转换结果	测量范围 0～300Ω	转换结果	测量范围 -200～$850℃$	转换结果
超上限	≥11.759	32767	≥22.815	32767	≥-352.778	32767	≥1000.1	32767
超上界	10.0004～ 11.7589	27649～32511	20.0005～ 22.810	27649～ 32511	300.011～ 352.767	27649～ 32511	850.1～ 1000.0	8501～ 10000
额定 范围	-10.00～ 10.00	-27648～ 27648	4.000～ 20.000	0～27648	0.000～ 300.000	0～27648	-200.0～ 850.0	-2000～ 8500
超下界	-11.759～ -10.0004	-32512～ -27649	1.1852～ 3.9995	-4864～ -1	不允许 负值	-4864～ -1	-243.0～ -200.1	-2430～ -2001
超下限	≤-11.76	-32768	≤1.1845	-32768			≤-243.1	-32768

（注：超下限行"电阻"列 转换结果为 -32768）

4. 模拟输出量的转换

S7-300 PLC 的模拟量输出模块输出电压和电流信号，不同测量范围内的模拟量在 PLC 中输出范围各不相同，如表 2-6-2 所示。

① -27648～27648 可转换为对称的电压或电流的额定范围为 -10～$10V$ 和 -20～$20mA$。

② -27648～27648 可转换为不对称的电压或电流的额定范围为 0～$10V$、1～$5V$ 和 0～$20mA$、4～$20mA$。

如果被转换的数值超限，模拟输出模块被禁止（0V 或 0mA）。

表 2-6-2 模拟输出量的表达形式

范围	转换结果	电压			电流		
		输出范围			输出范围		
		0～$10V$	1～$5V$	-10～$10V$	0～$20mA$	4～$20mA$	-20～$20mA$
超上限	≥32767	0	0	0	0	0	0
超上界	27649～ 32511	10.0004～ 11.7589	5.0002～ 5.8794	10.0004～ 11.7589	20.0007～ 23.515	20.005～ 22.81	20.0007～ 23.515
额定 范围	-27648～ 27648	0～ 10.0000	1.0000～ 5.0000	-10.0000～ 10.0000	0～20.0000	4.000～ 20.000	-20.000～ 20.000

续表

范围	转换结果	电压			电流		
		输出范围			输出范围		
		0~10V	1~5V	−10~10V	0~20mA	4~20mA	−20~20mA
超下界	−32512~ −27649	0	0~0.9999	−11.7589~ −10.0004	0	0~3.9995	−23.515~ −20.007
超下限	≤−32513	0	0	0	0	0	0

二、模拟量输入信号的处理

1. 模拟量输入电压、电流的处理

PLC 模拟量输入模块接收的信号均为标准信号，一般为电压、电流信号，PLC 模拟量模块将接收的标准信号转换成−27648~27648 之间的数，进行模拟量处理。

（1）模拟量输入的规格化

现场的压力、温度、速度、旋转速度、pH 值、黏度等是具有物理单位的工程量值，PLC 模拟量输入模块将接收的标准信号转换成−27648~27648 的数字量，该数字量不具有工程量值的单位，在程序处理时带来不方便。希望将数字量−27648~+27648 转换为工程实际量值的这一过程称为模拟量的"规格化"，也称"规范化"。

在 STEP7 的"Standard Library"库中提供了程序块 FC105 和 FC106 用于模拟量输入/输出的规格化。

（2）FC105 的调用

FC105（SCALE 功能）如图 2-6-3 所示。FC105（SCALE 功能）接收一个整型数（IN），将其转换成以工程单位表示的、介于上限和下限（HI_LIM 和 LO_LIM）之间的实际工程值，结果写到 OUT。

在 STEP7 编程界面中的编程元件目录中，找到"库"→"Standard Library"→"TI-S7 Converting Blocks"。如图 2-6-4 所示。

在"TI-S7 Converting Blocks"中，双击"FC105 SCALE CONVERT"，使其出现在程序段中，如图 2-6-3 所示。

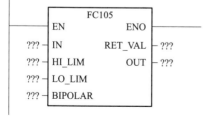

图 2-6-3 FC105

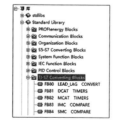

图 2-6-4 选择 TI-S7 Converting Blocks

FC105 的数值转换公式为：
$$OUT=(IN−K1)/(K2−K1)(HI\_LIM−LO\_LIM)+LO\_LIM$$
对于双极性，输入值范围为−27648~27648，此时 $K1=−27648$，$K2=27648$。
对于单极性，输入值范围为 0~27648，此时 $K1=0$，$K2=27648$。

FC105 各端子使用说明如表 2-6-3 所示。

表 2-6-3　FC105 端子参数说明

参数	类型	数据类型	存储区	功能描述
EN	输入	BOOL	I、Q、M、D、L	使能输入,高电平有效
ENO	输出	BOOL	I、Q、M、D、L	使能输出,如正确执行完毕,则为"1"
IN	输入	INT	I、Q、M、D、L	要转换为工程量的输入值
HI_LIM	输入	REAL	I、Q、M、D、L、P、常数	工程量上限
LO_LIM	输入	REAL	I、Q、M、D、L、P、常数	工程量下限
BIPOLAR	输入	BOOL	I、Q、M、D、L、P、常数	"1"表示双极性,"0"表示单极性
OUT	输出	REAL	I、Q、M、D、L、P	量程转换结果
RET_VAL	输出	WORD	I、Q、M、D、L、P	返回值 W♯16♯0000 代表指令执行正确。如返回值不是 W♯16♯0000,参见错误信息

例 2-6-1: 采用 SM 331 (6ES7 331-7KF02-0AB0) 的 0 通道测量压力信号。现场检测 0～50MPa 的压力,2 线制变送器输出 4～20mA 的信号给 AI 模块,该模块安装在中央机架 (RACK 0) 的 6 号槽位。

过程分析:首先创建 STEP7 项目,完成硬件组态,对 AI 模块的第 0 通道进行组态设置。然后在 OB1 中,调用 FC105,对各管脚参数进行设置。

① 创建项目及硬件组态。创建 STEP7 项目,命名为"压力控制",完成硬件组态。各硬件模块详细信息如图 2-6-5 所示,由图可知,SM 331 位于 6 号槽位,起始地址为 288。

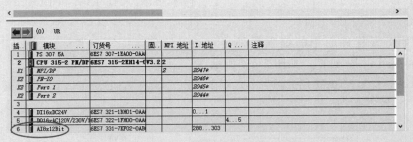

图 2-6-5　硬件组态信息

② AI 模块通道设置。双击图 2-6-5 中的 6 号槽位的 AI 模块,选择"输入",之后在"0-1"通道中,点击"测量型号",选择电流(2 线传感器),组态完成后,单击"确定"。如图 2-6-6 所示。

③ 在 OB1 中调用 FC105。在 STEP7 编程界面中的编程元件目录中,找到"库"→"Standard Library"→"TI-S7 Converting Blocks"→"FC105 SCALE CONVERT"。完成 FC105 各端子的编辑,如图 2-6-7 所示。

现场检测 0～50MPa 的压力→变送器检测→输出 4～20mA 的信号→AI 模块的 PIW288 通道数据转换成 0～27648 的数,输出结果存储在 MD10 中。

FC105调用

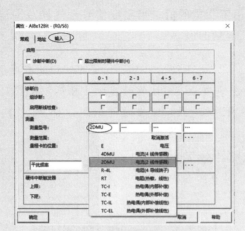

图 2-6-6　AI 模块通道设置

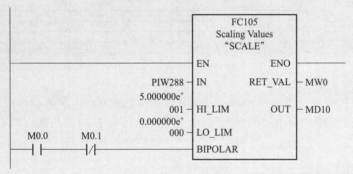

图 2-6-7　FC105 编辑

④ 仿真运行。打开 S7-PLCSIM，将所有的逻辑块下载到仿真 PLC 中，将仿真切换到"RUN"模式，打开 OB1，单击工具栏上的 66°，启动程序状态监视功能。可以看到，当赋值 PIW288＝13824 时，MD10＝25.0，程序仿真结果如图 2-6-8 所示。

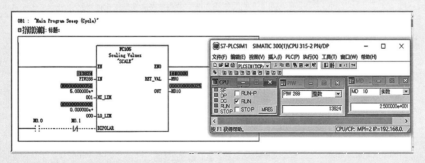

图 2-6-8　仿真运行

2. 模拟量温度输入信号的处理

采用热电阻或热电偶进行温度测量时，不需调用 FC105 来转换，直接进行转换处理，就可以得到真实的温度值。S7-300 PLC 的模拟量输入模块将接收的温度信号转换成

－2000～8500 之间的数，进行模拟量处理。当温度信号是标准范围温度信号时，模拟量输入模块转换的值是 10 倍工程量的值；当温度信号是气候范围温度信号时，模拟量输入模块转换的值是 100 倍工程量的值。

例 2-6-2： 采用 SM 331（6ES7 331-7KF02-0AB0）的 0 通道测量温度信号。现场 Pt 100 测量的温度给 AI 模块，该模块安装在中央机架（RACK 0）的 4 号槽位。

过程分析：创建 STEP7 项目，完成硬件组态，对 AI 模块的第 0 通道进行组态设置。然后在 OB1 中，编写控制程序。

① 创建项目及硬件组态。创建 STEP7 项目，命名为"温度控制"，完成硬件组态。各硬件模块详细信息如图 2-6-9 所示，由图可知，SM 331 位于 4 号槽位，起始地址为 256。

插槽	模块	订货号	固..	MPI 地址	I 地址	Q 地址	注释
1	PS 307 5A	6ES7 307-1EA00-0AA0					
2	CPU 315-2 PN/DP	6ES7 315-2KN14-0AB0	V3.2	2			
X1	MPI/DP			2	2047*		
X2	PN-IO				2046*		
X2 P1 R	Port 1				2045*		
X2 P2 R	Port 2				2044*		
3							
4	AI8x12Bit	6ES7 331-7KF02-0AB0			256...271		

图 2-6-9　硬件组态信息

② AI 模块通道设置。双击图 2-6-9 中的 4 号槽位的 AI 模块，选择"输入"，之后在"0-1"通道中，点击"测量型号"，选择"RT"，在测量范围框内，会自动出现"Pt 100 标准"，组态完成后，单击"确定"，如图 2-6-10 所示。

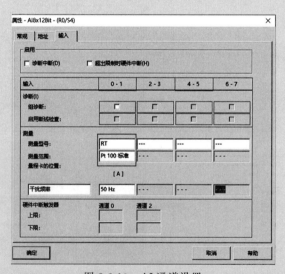

图 2-6-10　AI 通道设置

③ 在 OB1 中编写程序。如果温度要参与运算，一般要将整数型的数转换成浮点数。首先将 PIW256 中的数传送到 MW0→转换成双整数存放在 MD2→转换成浮点数存放在 MD6→除以 10 存放在 MD10→得到精确的实际温度数值。参考程序如图 2-6-11 所示。

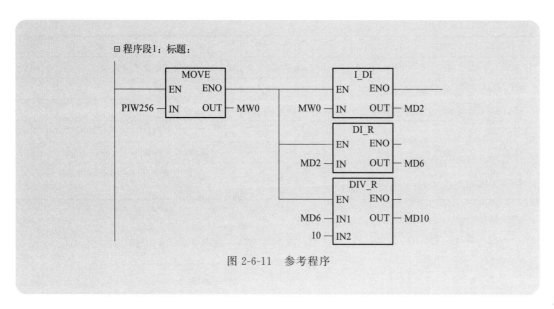

图 2-6-11　参考程序

三、模拟量输出信号的处理

1. 模拟量输出规范化

标准程序块 FC106 的用途是将模拟输出量规范化，即将实际物理量转化为模拟输出模块所需的 0 到 27648 之间的 16 位整数。OUT 端输出的规范值为 16 位整数。

2. FC106 的调用

FC106 在 STEP7 编程界面中的编程元件目录中，通过"库"→"Standard Library"→"TI-S7 Converting Blocks"可以找到。

FC106（UNSCALE 功能）如图 2-6-12 所示。FC106（UNSCALE 功能）接收一个以工程单位表示，且标定于下限和上限（LO_LIM 和 HI_LIM）之间的实型输入值（IN），将其转换为一个整型值，将结果写入 OUT。

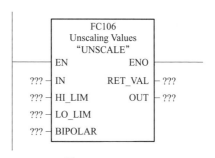

图 2-6-12　FC106

公式如下：

$$OUT = (IN - LO\_LIM)/(HI\_LIM - LO\_LIM)(K2 - K1) + K1$$

双极性：即输出的整型数为 $-27648 \sim 27648$，此时 $K1 = -27648.0$，$K2 = 27648.0$。

单极性：即输出的整型数为 $0 \sim 27648$，此时 $K1 = 0.0$，$K2 = 27648.0$。

如果输入值超出 LO_LIM 和 HI_LIM 范围，输出（OUT）将钳位于距其类型（BIPOLAR）的指定范围的下限或上限较近的一方，并返回一个错误。FC106 的各端子使用说明如表 2-6-4 所示。

表 2-6-4　FC106 端子参数说明

参数	类型	数据类型	存储区	功能描述
EN	输入	BOOL	I、Q、M、D、L	使能输入，高电平有效
ENO	输出	BOOL	I、Q、M、D、L	使能输出，如正确执行完毕，则为"1"

参数	类型	数据类型	存储区	功能描述
IN	输入	REAL	I、Q、M、D、L	要转换成整型数的输入值
HI_LIM	输入	REAL	I、Q、M、D、L、P、常数	工程量上限
LO_LIM	输入	REAL	I、Q、M、D、L、P、常数	工程量下限
BIPOLAR	输入	BOOL	I、Q、M、D、L、P、常数	"1"表示双极性,"0"表示单极性
OUT	输出	INT	I、Q、M、D、L、P	量程转换结果
RET_VAL	输出	WORD	I、Q、M、D、L、P	返回值 W♯16♯0000 代表指令执行正确。如返回值不是 W♯16♯0000,参见错误信息

FC106调用

例 2-6-3:经 PID 运算后得到的结果为实数,要用 FC106 转换为对应阀门开度 0～100％的整型数（0～27648 中的数值）后,经 SM 332 模拟量输出模块输出 DC 4～20mA 信号到调节阀的执行机构。

① 创建项目及硬件组态。创建 STEP7 项目,完成硬件组态。各硬件模块详细信息如图 2-6-13 所示,由图可知,SM 332 位于 6 号槽位,起始地址为 288。

图 2-6-13　硬件组态信息

② AO 模块通道设置。双击图 2-6-13 中的 6 号槽位的 AO 模块,选择"输出",之后在 0 通道中,"输出类型"选择为电流,"输出范围"选择为 4～20mA,组态完成后,单击"确定"。如图 2-6-14 所示。

图 2-6-14　AO 模块通道设置

③ 在 OB1 中调用 FC106。在 STEP7 编程界面中的编程元件目录中，找到"库"→"Standard Library"→"TI-S7 Converting Blocks"→"FC106 UNSCALE CONVERT"。完成 FC106 各端子的编辑，如图 2-6-15 所示。

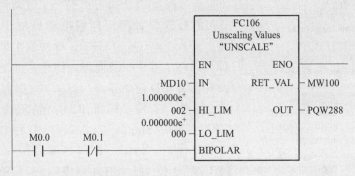

图 2-6-15　FC106 编辑

经 PID 运算后得到的结果为实数（0.0～100.0）→经 FC106 转换成 0～27648 的数→AO 模块的 PQW288 通道，给出 MD10 中工程量的变化值。

④ 仿真运行。打开 S7-PLCSIM，将所有的逻辑块下载到仿真 PLC 中，将仿真切换到"RUN"模式，打开 OB1，单击工具栏上的 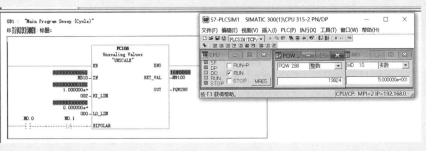，启动程序状态监视功能，当赋值 MD10＝50.0 时，PQW288＝13824。程序仿真结果如图 2-6-16 所示。

图 2-6-16　仿真运行

四、PID 指令及应用

在实际工程中，应用最为广泛的调节器控制规律为比例积分微分控制（PID 控制），又称 PID 调节。模拟量单闭环控制系统的组成如图 2-6-17 所示。

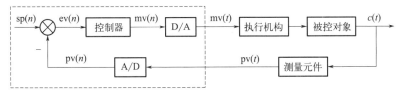

图 2-6-17　闭环控制系统的构成

1. S7-300 PLC 的 PID 指令

S7-300 PLC 为用户提供了功能强大、使用方便的模拟量闭环控制功能来实现 PID 控制。系统功能块 SFB41～SFB43 用于 CPU 31x 的闭环控制。

SFB41（CONT_C，连续控制器）用于连续 PID 控制；SFB42（CONT_S，步进控制器）用输出的开关量信号控制积分执行机构——电动调节阀，电动调节阀的打开与关闭用伺服电动机的正转和反转来控制；SFB43（PULSEGEN，脉冲发生器）与连续控制器（CONT_C）一起使用，构建脉冲宽度可调制的二级或三级 PID 控制器。

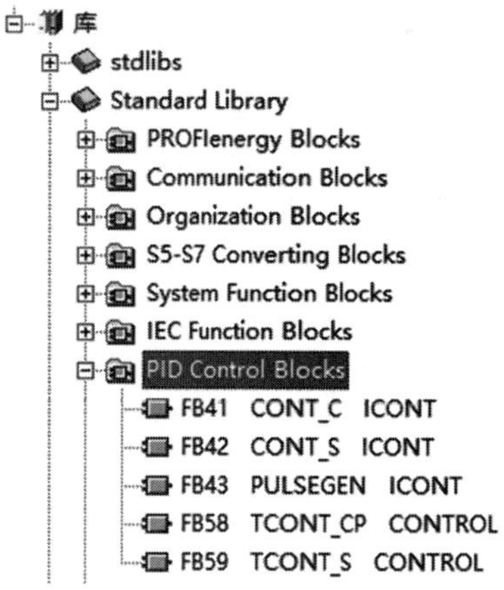

另外，安装了标准 PID 控制软件包后，文件夹"库"中的"Standard Library"中的 FB41～FB43 用于 PID 控制，如图 2-6-18 所示。FB58 和 FB59 用于 PID 温度控制。FB41～FB43 与 SFB41～SFB43 兼容。

```
白 1 库
  田 ◇ stdlibs
  田 ◇ Standard Library
    田 国 PROFIenergy Blocks
    田 国 Communication Blocks
    田 国 Organization Blocks
    田 国 S5-S7 Converting Blocks
    田 国 System Function Blocks
    田 国 IEC Function Blocks
    田 国 PID Control Blocks
      田 国 FB41 CONT_C ICONT
      田 国 FB42 CONT_S ICONT
      田 国 FB43 PULSEGEN ICONT
      田 国 FB58 TCONT_CP CONTROL
      田 国 FB59 TCONT_S CONTROL
```

图 2-6-18 PID 控制模块

2. 连续控制器 SFB41

本书以连续控制器 SFB41 模块为例进行详细介绍。其他 PID 模块的应用是类似的。STEP7 的在线帮助文档提供了各种 PID 功能块应用的帮助信息。

（1）常用输入参数

SFB41 常用输入参数如表 2-6-5 所示。

表 2-6-5 SFB41 的输入参数及其意义说明

参数名称	数据类型	地址	意义说明	缺省值
COM_RST	BOOL	0.0	重新启动 PID，该数为 1，重启动 PID，复位 PID 内部参数，通常在系统重启或在 PID 进入饱和状态需要退出时执行一个扫描周期	FALSE
MAN_ON	BOOL	0.1	为"1"时控制循环将被中断，手动值作为操作值进行设置	TRUE
PVPER_ON	BOOL	0.2	为"1"时使用 I/O 输入的过程变量，PV_PER 连至 I/O 过程变量	FALSE
P_SEL	BOOL	0.3	为"1"时打开比例 P 操作	TRUE
I_SEL	BOOL	0.4	为"1"时打开积分 I 操作	TRUE
INT_HOLD	BOOL	0.5	为"1"时积分 I 操作被冻结	FALSE
I_ITL_ON	BOOL	0.6	为"1"时使用 I_ITLVAL 作为积分初值	FALSE
D_SEL	BOOL	0.7	为"1"时打开微分操作	FALSE
CYLCE	TIME	2	采样时间，两次块调用之间的时间，取值范围≥1ms，一般为 200ms	T♯1S
SP_INT	REAL	6	内部设定值输入，即 PID 的给定值，取值范围−100%～100%的物理值	0.0
PV_IN	REAL	10	浮点数格式的过程变量输入	0.0

续表

参数名称	数据类型	地址	意义说明	缺省值
PV_PER	WORD	14	外部设备输入的 I/O 格式的 I/O 变量值	W16♯0000
MAN	REAL	16	手动值，由 MAN_ON 手动有效，取值范围 -100% ～ 100% 的物理值	0.0
GAIN	REAL	20	比例增益输入，用于设定控制器的增益	2.0
TI	TIME	24	积分时间输入，取值范围应大于扫描周期	T♯20S
TD	TIME	28	微分时间输入，微分器的响应时间	T♯10S

（2）常用输出参数

SFB41 常用输出参数如表 2-6-6 所示。

表 2-6-6　SFB41 的输出参数及其意义说明

参数名称	数据类型	地址	意义说明	缺省值
LMN	REAL	72	浮点数格式的 PID 输出	0.0
LMN_PER	WORD	76	I/O 格式的 PID 输出值	W16♯0000
QLMN_HLM	BOOL	78.0	PID 输出值上限	FALSE
QLMN_LLM	BOOL	78.1	PID 输出值下限	FALSE
LMN_P	REAL	80	PID 输出值中的比例成分	0.0
LMN_I	REAL	84	PID 输出值中的积分成分	0.0
LMN_D	REAL	88	PID 输出值中的微分成分	0.0
PV	REAL	92	格式化的过程变量输出	0.0
ER	REAL	96	死区处理后的误差输出	0.0

五、变频器 MM440 控制及应用

变频器 MM440 系列（MICROMASTER440）是德国西门子公司广泛应用于工业场合的多功能标准变频器。它采用高性能的矢量控制技术，提供低速高转矩输出和良好的动态特性，同时具备超强的过载能力，可满足广泛的应用场合。

1. 变频调速系统电气图

图 2-6-19 所示为变频调速系统电气图。

2. 变频器操作面板构成、按键功能

MM440 变频器具有默认的工厂设置参数，具有全面而完善的控制功能。如果工厂的缺省设置值不适合实际设备情况，可以利用基本操作面板（BOP）修改参数，使之匹配起来。

基本操作面板（BOP）如图 2-6-20 所示。BOP 具有五位数字的七段显示，可以显示参数的序号和数值，报警和故障信息，以及设定值和实际值。BOP 不能存储参数的信息。

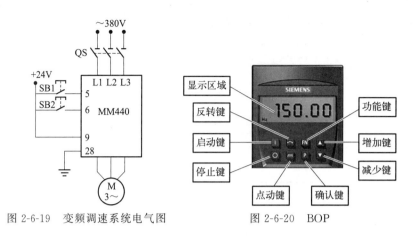

图 2-6-19　变频调速系统电气图　　　　图 2-6-20　BOP

表 2-6-7 表示采用基本操作面板操作时，变频器的工厂缺省设置值。

表 2-6-7　用 BOP 操作时的缺省设置值

参数	说明	缺省值
P0100	键入电源电压的频率,欧洲/北美洲	50Hz,kW(60Hz,hp❶)
P0307	功率(电动机额定值)	kW(hp),取决于 P0100 的设定值
P0310	电动机的额定频率	50Hz(60Hz)
P0311	电动机的额定速度	1395(1680)r/min(决定于变量)
P1082	电动机的最高频率	50Hz(60Hz)

　　在缺省设置时，用 BOP 控制电动机的功能是被禁止的。如果要用 BOP 进行控制，参数 P0700 应设置为 1，参数 P1000 也应设置为 1。变频器加上电源时，也可以把 BOP 装到变频器上，或从变频器上将 BOP 拆卸下来。如果 BOP 已经设置为 I/O 控制（P0700＝1），在拆卸 BOP 时，变频器驱动装置将自动停车。基本操作面板（BOP）上的按键及其功能说明如表 2-6-8 所示。

表 2-6-8　BOP 的按键及其功能说明

显示、按钮	功能	功能的说明
`r0000`	状态显示	LCD 显示变频器当前的设定值
I	启动电动机	按此键启动变频器。缺省值运行时此键是被封锁的。为了使此键的操作有效,应设定 P0700＝1
O	停止电动机	OFF1:按此键,变频器将按选定的斜坡下降速率减速停车;缺省值运行时此键被封锁;为了允许此键操作,应设定 P0700＝1。 OFF2:按此键两次(或一次,但时间较长),电动机将在惯性作用下自由停车。此功能总是使能的
⟳	改变电动机的转动方向	按此键可以改变电动机的转动方向。电动机的反向用负号"—"表示或用闪烁的小数点表示。缺省值运行时此键是被封锁的,为了使此键的操作有效,应设定 P0700＝1

---

❶　1hp＝745.6999W。

显示、按钮	功能	功能的说明
(jog)	电动机点动	在变频器无输出的情况下按此键,将使电动机启动,并按预设定的点动频率运行。释放此键时,变频器停车。如果变频器和电动机正在运行,按此键将不起作用
(Fn)	功能	此键用于浏览辅助信息。 变频器运行过程中,在显示任何一个参数时按下此键并保持不动2s,将显示以下参数值(在变频器运行中,从任意一个参数开始): ①直流回路电压(用d表示,单位:V); ②输出电流(A); ③输出频率(Hz); ④输出电压(用o表示,单位:V)。 ⑤由P0005选定的数值(如果P0005选择显示上述参数中的任何一个,这里将不再显示)。 连续多次按下此键,将轮流显示以上参数。 在显示任何一个参数(r×××××或P×××××)时短时间按下此键,将立即跳转到r0000,如果有需要,可以接着修改其他的参数。跳转到r0000后,按此键将返回原来的显示点。 在出现故障或报警的情况下,按此键可以将操作面板上显示的故障或报警信息复位
(P)	访问参数	按此键即可访问参数
(▲)	增加数值	按此键即可增加面板上显示的参数数值
(▼)	减少数值	按此键即可减少面板上显示的参数数值

用基本操作面板（BOP）可以修改任何一个参数。修改参数的数值时，BOP有时会显示"busy"，表明变频器正忙于处理优先级更高的任务。

3. 变频器基本功能和参数

变频器的主要任务就是把恒压恒频的交流电转换为变压变频的交流电，以满足交流电机变频调速的需要，主要功能有控制功能（软启动、软制动、正反转、点动、调频调速、闭环控制、矢量控制等）、保护功能（过载、过压、欠压、短路、过热、缺相保护）、节能等。

变频器的参数只能用基本操作面板、高级操作面板或者通过串行通信口进行修改。用基本操作面板可以修改和设定系统参数，使变频器具有期望的功能，例如斜坡时间、最小频率和最大频率等。选择的参数号和设定的参数值在五位数字的LCD上显示。

r××××表示一个用于显示的只读参数；P××××表示一个设定参数（可修改的参数）。西门子MM440主要参数设置如表2-6-9所示。

表2-6-9　西门子MM440主要参数设置

参数号	参数描述	推荐设置
P0003	设置参数访问等级 ＝1 标准级(只需要设置最基本的参数) ＝2 扩展级 ＝3 专家级	3

续表

参数号	参数描述	推荐设置
P0010	=1 开始快速调试 注意： ①只有在 P0010=1 的情况下，电机的主要参数才能被修改。如：P0304、P0305 等。 ②只有在 P0010=0 的情况下，变频器才能运行	1
P0700	选择命令给定源 =1BOP =2I/O 端子控制 =4 经过 BOP 链路(RS-232)的 USS 控制 =5 通过 COM 链路(端子 29、30) =6PROFIBUS(通信板 CB) 注意：改变 P0700 设置，将复位所有的数字输入/输出至出厂设定	2
P1000	设置频率给定源 =1BOP 电动电位计给定(面板) =2 模拟输入 1 道道(端子 3、4) =3 固定频率 =4BOP 链路的 USS 控制 =5COM 链路的 USS 控制(端子 29、30) =6PROFIBUS(通信板 CB) =7 模拟输入 2 通道(端子 10、11)	2

4. 变频器基本操作

(1) BOP 修改参数

下面将参数 P1000 的第 0 组参数，设置为 P1000［0］=1，修改参数流程如图 2-6-21 所示。

	操作步骤	BOP显示结果
1	按[P]键，访问参数	r0000
2	按[▲]键，直到显示 P1000	P1000
3	按[P]键，显示 in000，即P1000的第0组值	in000
4	按[P]键，显示当前值 2	2
5	按[▼]键，达到所要求的数值 1	1
6	按[P]键，存储当前设置	P1000
7	按[FN]键显示 r0000	r0000
8	按[P]键，显示频率	50.00

图 2-6-21　BOP 修改参数

(2) 用 BOP 控制变频器

如图 2-6-22 所示，按照以下步骤通过 BOP 直接对变频器进行操作。

操作步骤	设置参数	功能解释
1	P0700	=1启停命令源于面板
2	P1000	=1 频率设定源于面板
3	5.00	返回监视状态
4	[I]	启动变频器
5	[▲][▼]	通过增减键修改运行频率
6	[O]	停止变频器

图 2-6-22　BOP 控制变频器

(3) 工厂默认值恢复

设定 P0010=30 和 P0970=1，按下"P"键，开始复位，复位过程大约 3min，这样就可保证变频器的参数恢复到工厂默认值。过程如图 2-6-23 所示。

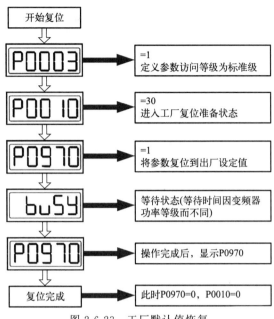

图 2-6-23 工厂默认值恢复

例 2-6-4： 用 S7-300 PLC 的模拟量输出控制西门子 MM440 变频器的频率，频率调节选择模拟量控制，输出信号为 0～10V 电压信号。

① 变频器接线。MM440 变频器为用户提供了两对模拟输入端口，即端口 3、4 和端口 10、11，采用模拟输入端口 3、4 外接模拟量信号，通过 PLC 输入大小可调的模拟电压信号控制电动机转速的大小。接线图如图 2-6-24 所示。

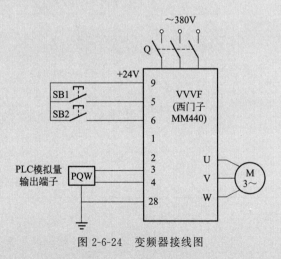

图 2-6-24 变频器接线图

② 变频器参数设置。

a. 恢复变频器工厂默认值，设定 P0010＝30 和 P0970＝1，按下"P"键，开始复位。

b. 设置电动机参数，电动机参数设置见表 2-6-10。电动机参数设置完成后，设 P0010＝0，变频器当前处于准备状态，可正常运行。

表 2-6-10　电动机参数设置

参数号	出厂值	设置值	说明
P0003	1	1	设用户访问级为标准级
P0010	0	1	快速调试
P0100	0	0	工作地区：功率以 kW 表示，频率为 50Hz
P0304	230	380	电动机额定电压(V)
P0305	3.25	0.95	电动机额定电流(A)
P0307	0.75	0.37	电动机额定功率(kW)
P0308	0	0.8	电动机额定功率因数(COSφ)
P0310	50	50	电动机额定频率(Hz)
P0311	0	1500	电动机额定速度(r/min)

c. 设置模拟信号操作控制参数。模拟信号操作控制参数设置见表 2-6-11。

表 2-6-11　模拟信号操作控制参数

参数号	出厂值	设置值	说明
P0003	1	1	设用户访问级为标准级
P0004	0	7	命令和数字 I/O
P0700	2	2	命令源选择由面板输入
P0003	1	2	设用户访问级为扩展级
P0004	0	7	命令和数字 I/O
P0701	1	1	ON 接通正转，OFF 停止
P0702	1	2	ON 接通反转，OFF 停止
P0003	1	1	设用户访问级为标准级
P0004	0	10	设定值通道和斜坡函数发生器
P1000	2	2	频率设定值选择为模拟输入
P1080	0	0	电动机运行的最低频率(Hz)
P1082	50	50	电动机运行的最高频率(Hz)

③ 创建项目及硬件组态。创建 STEP7 项目，命名为"液位控制"，完成硬件组态。各硬件模块详细信息如图 2-6-25 所示，由图可知，SM 332 位于 6 号槽位，起始地址为 288。

④ AO 模块通道设置。双击图 2-6-25 中的 6 号槽的 AO 模块，对 6 号槽的 AO 模块的 0 通道组态，输出类型 E，输出范围为 0～10V，对 CPU STOP 模式的响应为 OCV。如图 2-6-26 所示。

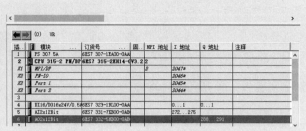

图 2-6-25　硬件组态信息

图 2-6-26　AO 通道设置

⑤ 编写控制程序。在 STEP7 编程界面中的编程元件目录中，找到"库"→
"Standard Library"→"TI-S7 Converting Blocks"→"FC106 UNSCALE CON-
VERT"。完成 FC106 各端子的编辑，如图 2-6-27 所示。

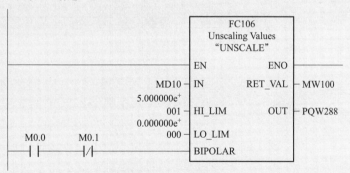

图 2-6-27　控制程序

⑥ 下载运行。将控制程序下载到 PLC 中，在 MD10 中给出频率值，模拟电压信
号在 0～10V 之间变化，对应变频器的频率在 0～50Hz 之间变化，对应电动机的转速
在 0～1500r/min 之间变化。

项目实施

步骤 1： PLC 地址分配。

主要 I/O 地址分配见表 2-6-12 所示。

表 2-6-12　I/O 地址分配

序号	类型	地址
1	模拟量输入	PIW272
2	模拟量输出	PQW288
3	实际液位值	MD10
4	PID 手动/自动切换	M20.0
5	设定液位值	MD30
6	PID 输出值	MD40

步骤 2： 创建项目及硬件组态。

创建 STEP7 项目，命名为"液位控制"，完成硬件组态。各硬件模块详细信息如图 2-6-28 所示，由图可知，SM 331 位于 5 号槽位，起始地址为 272。SM 332 位于 6 号槽位，起始地址为 288。

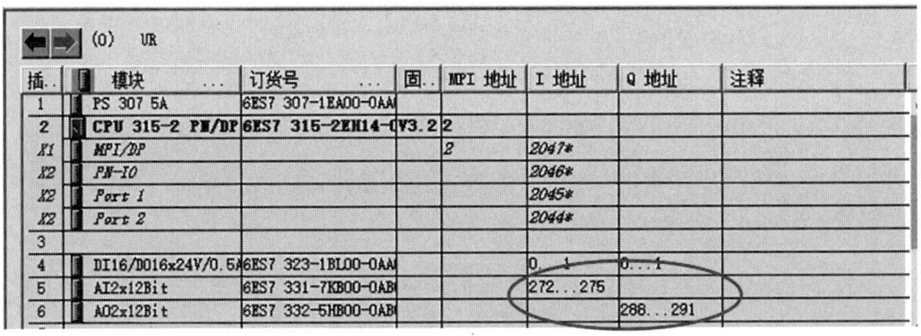

图 2-6-28　硬件组态信息

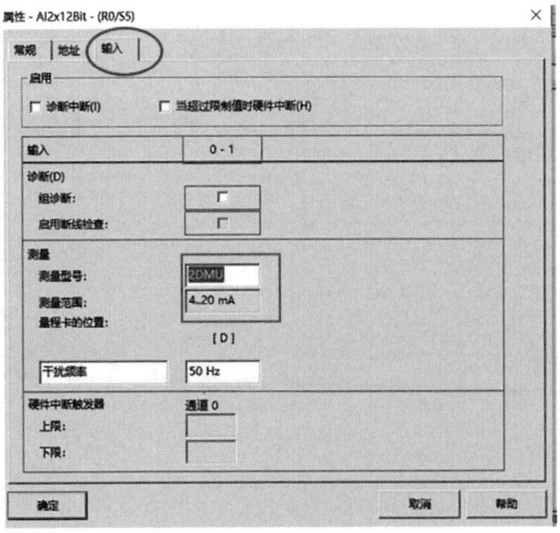

步骤 3： AI/AO 模块通道设置。

双击图 2-6-28 中的 5 号槽的 AI 模块，选择"输入"，之后在"0-1"通道中，测量型号为 2DMU，即选择电流（2 线传感器），测量范围自动显示 4～20mA，组态完成后，单击"确定"。如图 2-6-29 所示。

对 6 号槽的 AO 模块的 0 通道组态，输出类型为 E，输出范围为 0～10V，对 CPU STOP 模式的响应为 OCV，如图 2-6-30 所示。

步骤 4： 编写控制程序。

图 2-6-29　AI 模块通道设置

根据控制要求，在 OB1 中编写 PLC 控制程序，如图 2-6-31 所示。

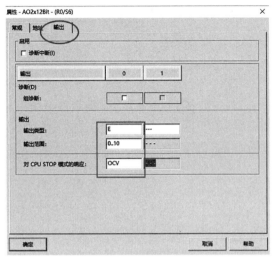

图 2-6-30 AO 模块通道设置

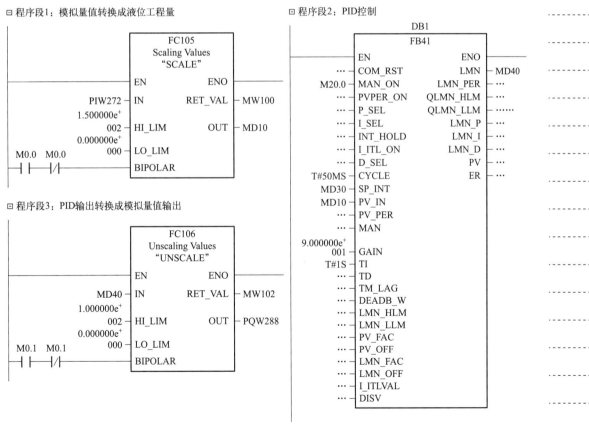

图 2-6-31 PLC 控制程序

项目评价

项目评价表见附录的项目考核评价表。

 思考与练习

1. 简述 FC105 的功能。
2. 简述 FC106 的功能。

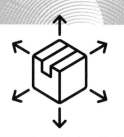

项目七
全局数据MPI网络
通信的设计与调试

可编程控制器应用技术

项目要求

随着计算机网络通信技术的日益发展，工业自动化程度的不断提高，通信网络已经成为控制系统不可缺少的重要组成部分。现场控制过程中，实时数据需要了解，历史数据需要分析，运行参数、信息需要多方共享，等等，这些都给 PLC 控制系统提出了实现网络通信的现实要求。PLC 技术发展到今天，网络功能已成为 PLC 技术的一大特征。下面以全局数据包通信方式来实施 MPI 网络的组态项目。

在由两台 PLC 组成的 MPI 通信网络中，有两个站，2 号站 MPI 地址是 2，3 号站 MPI 地址是 3，要求：

① 将 2 号站从 MB10 开始的 2 个字节的数据，发送到 3 号站从 MB200 开始的 2 个字节中。

② 将 3 号站 MB20 开始的 2 个字节的数据，发送到 2 号站从 MB100 开始的 2 个字节中。

③ 在 2 号站按下启动按钮可以启动 3 号站电动机，按下停止按钮可以停止 3 号站电动机。2 号站指示灯可以监视 3 号站电动机运行状态。

④ 在 3 号站按下启动按钮可以启动 2 号站电动机，按下停止按钮，可以停止 2 号站电动机。3 号站指示灯可以监视 2 号站电动机运行状态。

项目目标

① 了解西门子 PLC 通信网络技术相关知识；
② 掌握 MPI 通信的组态、参数设置及通信程序的编写与调试；
③ 培养加强网络运行安全和应急通信保障的意识。

知识准备　MPI 网络通信组建

一、西门子 PLC 网络结构

西门子 PLC 网络有 MPI 网络、工业以太网、工业现场总线（PROFIBUS）、点到点连接（PtP）和 AS-I 网络，PLC 网络结构如图 2-7-1 所示。

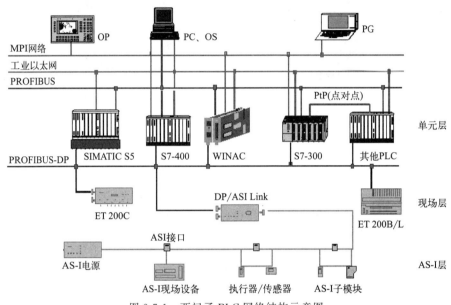

图 2-7-1　西门子 PLC 网络结构示意图

1. 使用多点接口（MPI）的数据通信

MPI（multipoint interface，多点接口）的物理层是 RS-485，通过 MPI 能同时连接运行 STEP7 的编程器、计算机、人机界面（HMI）及其他 SIMATIC S7、M7 和 C7。通过 MPI 可实现全局数据（GD）服务，周期性地相互进行数据交换。

2. PROFIBUS

PROFIBUS 用于车间级监控和现场层的通信系统，具有开放性。PROFIBUS-DP 与分布式 I/O 最多可以与 127 个网络上的节点进行数据交换。网络中最多可以串接 10 个中继器来延长通信距离。使用光纤作为通信介质，通信距离可达 90km。

3. 工业以太网

西门子的工业以太网符合 IEEE 802.3 国际标准，通过网关来连接远程网络。通信速率为 10Mb/s 或 100Mb/s，最多有 1024 个网络节点，网络的最大范围为 150km。

4. 点对点连接

点对点连接（point-to-point connections，PtP）可以连接 S7 PLC 和其他串口设备。使用 CP 340、CP 440、CP 441 通信处理模块或 CPU 31xC-2 PP 集成的通信接口。接口有 20mA（TTY）、RS-232C 和 RS-422A/RS-485。通信协议有 ASCII 码协议、3964（R）和

RK512（只适用于部分 CPU）。

5. 使用 AS-I 网络的过程通信

AS-I（actuator sensor interface，执行器-传感器接口），位于最底层。AS-I 每个网段只能有一个主站。AS-I 所有分支电路的最大总长度为 100m，可以用中继器延长，可以用屏蔽的或非屏蔽的两芯电缆支持总线供电。

二、MPI 网络通信

1. MPI 网络简介

MPI 是当通信速率要求不高、通信数据量不大时，可以采用的一种简单经济的通信方式。

MPI 物理接口符合 PROFIBUS RS-485 接口标准（EN 50170）。MPI 网络的通信速率为 19.2kb/s～12Mb/s，S7-200 只能选择 19.2kb/s 的通信速率，S7-300 通常默认设置为 187.5kb/s，只有能够设置为 PROFIBUS 接口的 MPI 网络才支持 12Mb/s 的通信速率。

接入 MPI 网络上的设备称为一个节点，在 MPI 网络上最多可以有 32 个网络节点。一个网段的最长通信距离为 50m，更长的通信距离可以通过 RS-485 中继器扩展。分支网上的每个节点都有一个 MPI 地址，地址号不能大于给出的最高 MPI 地址。S7 在出厂时对一些装置给出了默认的 MPI 地址，如表 2-7-1 所示。

MPI 通信中，经常用的是全局数据包通信和无组态的 MPI 通信。当在 S7-300、S7-400 之间进行少量数据通信时，可以采用全局数据包通信。在 S7-300、S7-400、S7-200 之间进行通信时，可以采用无组态的 MPI 通信。

表 2-7-1　MPI 网络设备的默认地址

节点（MPI 设备）	默认 MPI 地址	最高 MPI 地址
PG/PC	0	15
OP/TP	1	15
CPU	2	15

2. MPI 网络的组建

（1）网络结构

用 STEP7 软件包中的 Configuration 功能为每个网络节点分配一个 MPI 地址和最高地址，最好标在节点外壳上；然后对 PG、OP、CPU、CP、FM 等包括的所有节点进行地址排序，连接时需在 MPI 网的第一个及最后一个节点接入通信终端匹配电阻。往 MPI 网络添加一个新节点时，应该切断 MPI 网络的电源。MPI 网络结构示意图如图 2-7-2 所示。

（2）网络连接部件

连接 MPI 网络时常用两个网络部件：网络连接器和网络中继器。

① 网络连接器。网络连接器采用 PROFIBUS RS-485 总线连接器，连接器插头分两种：一种带 PG 接口，一种不带 PG 接口，如图 2-7-3 所示。为了保证网络通信质量，总线连接器或中继器上都设计了终端匹配电阻。组建通信网络时，在网络拓扑分支的末端节点需要接入终端匹配电阻。

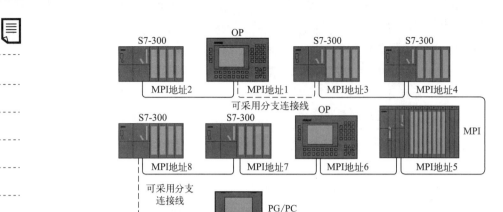

图 2-7-2　MPI 网络结构示意图

图 2-7-3　网络连接器

② 网络中继器。对于 MPI 网络，节点间的连接距离是有限制的，从第一个节点到最后一个节点最长距离仅为 50m，对于一个要求较大区域的信号传输或分散控制系统，采用两个中继器可以将两个节点的距离增大到 1000m。通过 OLM（光纤链路模块）可扩展到 100km 以上，但两个节点间不应再有其他节点。如图 2-7-4 所示。

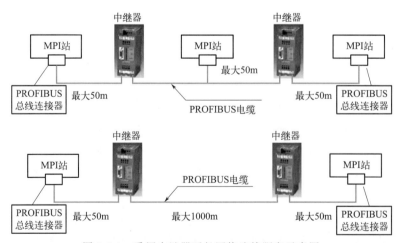

图 2-7-4　采用中继器延长网络连接距离示意图

三、MPI 通信组态应用

通过 MPI 可实现 S7 PLC 之间的三种通信方式：全局数据通信、无组态连接通信和组态连接通信。

1. 全局数据通信

全局数据通信方式是以 MPI 分支网为基础而设计的。在 S7 中，利用全局数据可以建立分布式 PLC 间的通信联系，不需要在用户程序中编写任何语句。S7 程序中的 FB、FC、OB 都能用绝对地址或符号地址来访问全局数据。最多可以在一个项目中的 15 个 CPU 之间建立全局数据通信。

（1）全局数据通信原理

在 MPI 分支网上实现全局数据通信的两个或多个 CPU 中，至少有一个是数据的发送方，有一个或多个是数据的接收方。发送或接收的数据称为全局数据或称为全局数。具有相同 Sender/Receiver（发送者/接收者）的全局数据，可以集合成一个全局数据包（GD packet）一起发送。每个全局数据包用数据包号码（GD packet number）来标识，其中的变量用变量号码（variable number）来标识。

参与全局数据包交换的 CPU 构成了全局数据环（GD circle）。每个全局数据环用数据环号码（GD circle number）来标识。

例如，GD 2.1.3 表示 2 号全局数据环 1 号全局数据包中的 3 号数据。

（2）全局数据通信的数据结构

全局数据可以由位、字节、字、双字或相关数组组成，它们被称为全局数据的元素。一个全局数据包由一个或几个全局数据元素组成，最多不能超过 24B。在全局数据包中，相关数组、双字、字、字节、位等元素所占字节如表 2-7-2 所示。

表 2-7-2　全局数据元素所占字节

数据类型	类型所占存储字节	在 GD 中类型设置的最大数值
相关数据	字节＋两个头部说明字节	一个相关的 22 个字节数组
单独的双字	6B	4 个单独的双字
单独的字	4B	6 个单独的双字
单独的字节	3B	8 个单独的双字
单独的位	3B	8 个单独的双字

（3）全局数据环

全局数据环中的每个 CPU 可以发送数据到另一个 CPU 或从另一个 CPU 接收数据。全局数据环有以下 2 种：

① 环内包含 2 个以上的 CPU，其中一个发送数据，其他的 CPU 接收数据；

② 环内只有 2 个 CPU，每个 CPU 可既发送数据又接收数据。

S7-300 的每个 CPU 可以参与最多 4 个不同的数据环，在一个 MPI 网上最多可以有 15 个 CPU 通过全局数据通信来交换数据。

2. 无组态连接通信

用系统功能 SFC65～SFC69，可以在无组态情况下实现 PLC 之间的 MPI 通信，这种通信方式适用于 S7-300、S7-400 和 S7-200 之间的通信。无组态通信又可分为两种方式：双向通信方式和单向通信方式。无组态通信方式不能和全局数据通信方式混合使用。

（1）单向通信方式

单向通信只在一方编写通信程序，也就是客户机与服务器的访问模式。编写程序一方的 CPU 作为客户机，无须编写程序一方的 CPU 作为服务器，客户机调用 SFC 通信块对服务器进行访问。SFC67（X_GET）用来读取服务器指定数据区中的数据并存放到本地的数据区中，SFC68（X_PUT）用来将本地数据区中的数据写到服务器中指定的数据区。

例 2-7-1： 无组态单向通信。建立两个 S7-300 站：MPI_Station_1（CPU 315-2 DP，MPI 地址设置为 2）和 MPI_Station_2（CPU 313C-2 DP，MPI 地址设置为 3）。CPU 315-2 DP 作为客户机，CPU 313C-2 DP 作为服务器。要求 CPU 315-2 DP 向 CPU 313C-2 DP 发送一个数据包，并读取数据包。

① 生成 MPI 硬件工作站。打开 STEP7 编程软件，创建一个 STEP7 项目，并命名为"单向通信"。在此项目下插入两个 S7-300 MPI 站，分别重命名为 MPI_Station_1 和 MPI_Station_2。

② 设置 MPI 地址。完成 2 个 MPI 站的硬件组态，将 MPI_Station_1 和 MPI_Station_2 的 MPI 地址分别设置为 2 和 3，通信速率为 187.5kb/s。完成后点击按钮，保存并编译硬件组态。最后将硬件组态数据下载到 CPU。

③ 编写客户机的通信程序。在 MPI_Station_1 站通过调用系统功能 SFC68，把本地数据区的数据 MB10 以后的 20B（字节）数据存储在 MPI_Station_2 站的 MB100 以后的 20B 数据区。在 MPI_Station_1 调用 SFC67，从 MPI_Station_2 站读取数据 MB10 以后的 20B 数据，放到本地的 MB100 以后的 20B 数据区中，MPI_Station_1 站的通信程序如图 2-7-5 所示。

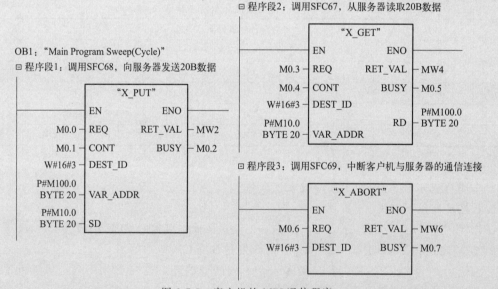

图 2-7-5　客户机的 MPI 通信程序

程序段 1 说明：当 M0.0＝1 及 M0.1＝1 时，激活系统功能 SFC68，客户机将本地发送区 MB10 开始的 20B 数据，发送到服务器从 MB100 开始的 20B 数据区。

程序段 2 说明：当 M0.3＝1 及 M0.4＝1 时，激活系统功能 SFC67，客户机将从服务器数据区 MB10 开始的 20B 数据区读取数据，放到客户机接收区从 MB100 开始的 20B 数据区。

程序段 3 说明：当 M0.6＝1 时，中断客户机与服务器的通信连接。

SFC67 及 SFC68 各端口的含义如表 2-7-3 所示。

表 2-7-3　SFC67 及 SFC68 各端口含义说明

序号	参数	数据类型	说明
1	EN	BOOL	使能输入端，"1"有效
2	REQ	BOOL	请求激活输入信号，"1"有效
3	CONT	BOOL	"继续"信号，"1"有效
4	DEST_ID	WORD	目的站 MPI 地址，采用字格式，如 W#16#3
5	VAR_ADDR	ANY	指定目的站的数据接收区，采用指针变量，数据区最大为 76B
6	SD	ANY	本地数据发送区，数据区最大 76B
7	RD	INT	本地数据接收区，数据区最大 76B
8	RET_VAL	INT	返回故障代码信息参数，采用字格式
9	BUSY	BOOL	BUSY＝1：发送还没有结束。 BUSY＝0：发送已经结束

（2）双向通信方式

双向通信方式要求通信双方都需要调用通信块，一方调用发送块发送数据，另一方就要调用接收块来接收数据。适用于 S7-300、S7-400 之间的通信，发送块是 SFC65（X_SEND），接收块是 SFC66（X_RCV）。下面举例说明如何实现无组态双向通信。

例 2-7-2：设 2 个 MPI 站分别为 MPI_Station_1（MPI 地址为设为 2）和 MPI_Station_2（MPI 地址设为 4），要求 MPI_Station_1 站发送一个数据包到 MPI_Station_2 站。

① 生成 MPI 硬件工作站。打开 STEP7，创建一个 STEP7 项目，并命名为"双向通信"。在此项目下插入两个 S7-300 的工作站，分别重命名为 MPI_Station_1 和 MPI_Station_2。MPI_Station_1 包含 CPU 315-2 DP，MPI_Station_2 包含 CPU 313C-2 DP。

② 设置 MPI 地址。完成 2 个 MPI 站的硬件组态，配置 MPI 地址和通信速率，在本例中，CPU 315-2 DP 和 CPU 313C-2 DP 的 MPI 地址分别设置为 2 和 4，通信速率为 187.5kb/s。完成后点击按钮，保存并编译硬件组态。最后将硬件组态数据下载到 CPU。

③ 编写发送站的通信程序。在 MPI_Station_1 站的循环中断组织块 OB35 中调用 SFC65，将 I0.0～I1.7 对应的数据发送到 MPI_Station_2 站。MPI_Station_1 站 OB35 中的通信程序如图 2-7-6 所示。

程序段 1 说明：当 M1.0＝1 时请求被激活，连续发送第一个数据包，数据区为从 I0.0 开始的 2 个字节。SFC65 各端口的含义如表 2-7-4 所示。

程序段 2 说明：当 M1.3＝1 时，断开 MPI_Station_1 站和 MPI_Station_2 站的通信连接。

OB35："Cyclic Interrupt"
⊟ 程序段1：调用系统功能SFC65，发送数据I0.0～I1.7

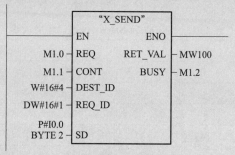

⊟ 程序段2：SFC69中断通信连接

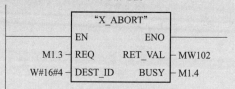

图 2-7-6　OB35 通信程序

表 2-7-4　端口含义说明

序号	参数	数据类型	说明
1	EN	BOOL	使能输入端，"1"有效
2	REQ	BOOL	请求激活输入信号，"1"有效
3	CONT	BOOL	"继续"信号，"1"有效
4	DEST_ID	WORD	目的站 MPI 地址，采用字格式，如 W＃16＃4
5	REQ_ID	DWORD	发送数据包标识符，采用双字格式，如 DW＃16＃1
6	SD	ANY	发送数据区，格式：P＃起始位地址　数据类型　长度如 P＃I0.0 BYTE 2，表示从 I0.0 开始的 2 个字节
7	RET_VAL	INT	返回故障代码信息参数，采用字格式
8	BUSY	BOOL	BUSY＝1：发送还没有结束。BUSY＝0：发送已经结束

④ 编写接收站的通信程序。在 MPI_Station_2 站的主循环组织块 OB1 中调用 SFC66，接收 MPI_Station_1 站发送的数据，并保存在 MB10 和 MB11 中。MPI_Station_2 站 OB1 中的通信程序如图 2-7-7 所示。

程序说明：当 M0.0＝1 时，将接收到的数据保存到 M10.0 开始的 2 个字节中。SFC66 各端口的含义如表 2-7-5 所示。

OB1："Main Program Sweep(Cycle)"
⊟ 程序段1：调用SFC接收数据

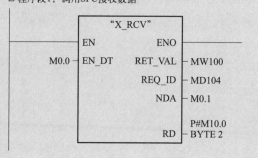

图 2-7-7　OB1 中的通信程序

表 2-7-5　端口含义说明

序号	参数	数据类型	说明
1	EN	BOOL	使能输入端，"1"有效
2	EN_DT	BOOL	接收信号使能输入端，"1"有效
3	RET_VAL	INT	返回接收信息，采用字格式
4	REQ_ID	DWORD	接收数据包标识符，采用双字格式，如 DW♯16♯1
5	NDA	BOOL	为"1"时表示有新数据包，为"0"时表示无新数据包
6	RD	ANY	数据接收区，以指针格式表示，最大 76B

3. 组态连接通信

对于 MPI 网络，调用系统功能块 SFB 进行 PLC 站之间的通信只适用于 S7-300/400、S7-400/400 之间的通信，S7-300/400 通信时，由于 S7-300 CPU 中不能调用 SFB12（BSEND）、SFB13（BRCV）、SFB14（GET）、SFB15（PUT），不能主动发送和接收数据，只能进行单向通信，所以 S7-300 PLC 只能作为一个数据的服务器，S7-400 PLC 可以作为客户机对 S7-300 PLC 的数据进行读写操作。

例 2-7-3：有组态连接的 MPI 单向通信。建立 S7-300 与 S7-400 之间的有组态 MPI 单向通信连接，CPU 416-2 DP 作为客户机，CPU 315-2 DP 作为服务器。

① 建立 MPI 硬件工作站。打开 STEP7，创建一个 STEP7 项目，并命名为"有组态单向通信"。插入一个名称为 MPI_Station_1 的 S7-400 的工作站，CPU 为 CPU 416-2 DP，MPI 地址为 2；插入一个名称为 MPI_Station_2 的 S7-300 的工作站，CPU 为 CPU 315-2 DP，MPI 地址为 3。

② 组态 MPI 通信连接。首先在 SIMATIC Manager 窗口内选择任意一个工作站，并进入硬件组态窗口。然后在 STEP7 硬件组态窗口内执行菜单命令"Options"→"Configure Network"，进入网络组态 NetPro 窗口。如图 2-7-8 所示。

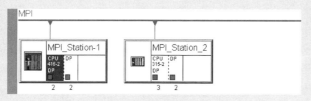

图 2-7-8　NetPro 网络组态窗口

用鼠标右键点击 MPI_Station_1 的 CPU 416-2 DP，从快捷菜单中选择"Insert New Connection"命令，出现新建连接对话框，如图 2-7-9 所示。

在"Connection"区域，选择连接类型为"S7 connection"，在"Connection Partner"区域选择"MPI_Station_2"工作站的"CPU 315-2 DP"，最后点击按钮完成连接表的建立，弹出连接表的详细属性对话框，如图 2-7-10 所示。

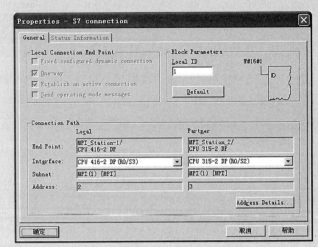

图 2-7-9　新建连接对话框　　　　图 2-7-10　连接表详细属性对话框

③ 编写客户机 MPI 通信程序。由于是单向通信，所以只能对 S7-400 工作站（客户机）编写程序，调用 SFB15，将数据传送至 S7-300 工作站（服务器）中。S7-400 的 MPI 通信程序如图 2-7-11 所示。将程序下载到 CPU 416-2 DP 后，就建立 MPI 通信连接。

OB1："Main Program Sweep(Cycle)"

□ 程序段1：调用SFB15，将本机数据写入服务器　□ 程序段2：调用SFB14，从服务器读取数据到本机

	DB15 "PUT"				DB14 "GET"	
	EN	ENO			EN	ENO
M0.0	REQ	DONE — M0.1		M0.0	REQ	NDR — M0.3
W#16#1	ID	ERROR — M0.2		W#16#1	ID	ERROR — M0.4
		STATUS — MW2				STATUS — MW4
P#M100.0 BYTE 20	ADDR_1			P#M10.0 BYTE 20	ADDR_1	
···	ADDR_2			···	ADDR_2	
···	ADDR_3			···	ADDR_3	
···	ADDR_4			···	ADDR_4	
P#M10.0 BYTE 20	SD_1			P#M100.0 BYTE 20	RD_1	
···	SD_2			···	RD_2	
···	SD_3			···	RD_3	
···	SD_4			···	RD_4	

图 2-7-11　通信程序

SFB14 和 SFB15 主要端子的含义见表 2-7-6 所示。

程序段 1 说明：当 M0.0 出现上升沿时，激活系统功能块 SFB15 的调用，将 CPU 416-2 DP 发送区 MB10 开始的 20B 数据发送到 CPU 315-2 DP 数据接收区从 MB100 开始的 20B 数据区。

表 2-7-6　端口含义说明

序号	参数	数据类型	说明
1	REQ	BOOL	请求信号,上升沿有效
2	ID	INT	连接寻找参数,采用字格式
3	ADDR_1~ADDR_4	ANY	远端 CPU 数据区地址
4	SD_1~SD_4	ANY	本机数据发送区地址
5	RD_1~RD_4	ANY	本机数据接收区地址
6	DONE	BOOL	数据交换状态参数,"1"表示作业被无误执行,"0"表示作业未开始或仍在执行

程序段 2 说明:当 M0.0＝出现上升沿时,激活系统功能块 SFB14 的调用,将 CPU 315-2 DP 数据区 MB10 开始的 20B 数据读取至 CPU 416-2 DP 从 MB100 开始的 20B 数据接收区中。

项目实施

步骤 1: 硬件和软件配置。

2 台 CPU 315-2 PN/DP;2 张 MMC 卡;输入和输出模块各 2 个;电源模块 2 个;1 条 MPI 电缆(也称为 PROFIBUS 电缆);装有 STEP7 编程软件的计算机(也称编程器);1 条编程电缆;2 根导轨;网络连接器(DP 头)2 个;STEP7 V5.4 及以上版本编程软件。

步骤 2: 通信的硬件连接。

确保断电接线,将导轨与 PLC 模块安装完毕。将 PROFIBUS 电缆两端与带编程口 DP 头连接,将 DP 头插到 2 个 CPU 模块的 MPI 口。因 DP 头处于网络终端位置,DP 头开关设置为 ON,将 PC 适配器 COM 口编程电缆 RS-485 端口插到 2 号站 MPI 口上,也就是 2 号站 DP 头上,另一端插在编程器 COM 口上。

步骤 3: 通信区设置。

根据控制要求,两个 PLC 之间的通信区设置如图 2-7-12 所示。

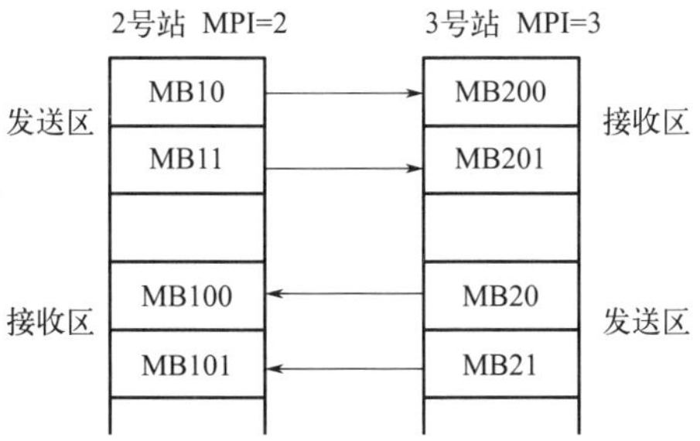

图 2-7-12　通信区设置

步骤 4: 网络组态及参数设置。

① 在 SIMATIC Manager 界面新建项目，项目名称为"MPI 通信"，插入 SIMATIC 300 站点 2 个，重命名为 2 号站和 3 号站。根据每个站实际情况配置，分别进行硬件组态，依次插入导轨、电源模块、CPU 模块、SM 模块，如图 2-7-13 所示。

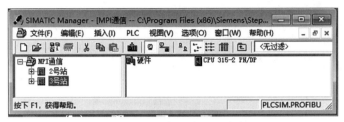

图 2-7-13　硬件组态及重命名

② 2 号站 MPI 设置。进入 2 号站的硬件组态，双击 CPU 模块中的"MPI/DP"，进入属性设置界面，单击 MPI 接口的"属性"按钮，如图 2-7-14 所示。

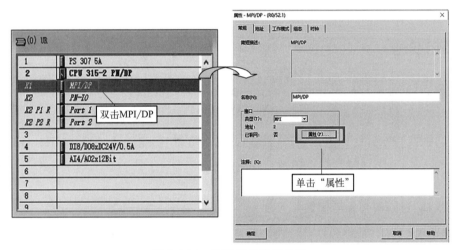

图 2-7-14　CPU 属性设置界面

③ 进入 MPI 接口属性设置界面，将 MPI 地址设置为 2，单击"新建"按钮，如图 2-7-15 所示。再单击"网络设置"，选择传输率为"187.5kbps"，单击"确定"按钮，如图 2-7-16 所示。出现图 2-7-17 所示界面，单击"确定"按钮。

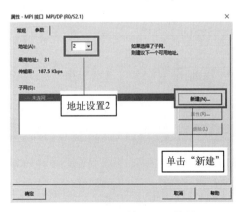

图 2-7-15　MPI 接口地址设置

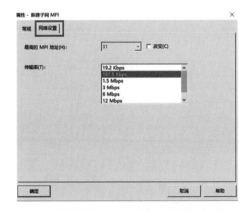

图 2-7-16　MPI 网络设置

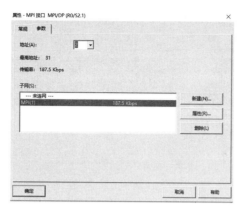

图 2-7-17　2 号站 MPI 网络建立

④ 保存和编译后，完成对 2 号站的硬件配置，之后回到 SIMATIC Manager 界面，对 3 号站的 MPI 地址进行设置，将 MPI 地址设置为 3，具体步骤参照 2 号站的设置。

⑤ 将 2 号站和 3 号站设置完成后，分别下载到各自的 PLC 中。

⑥ 在 SIMATIC Manager 界面，单击组态网络图标 ，进入 NetPro 界面。鼠标分别放在 2 号站和 3 号站的红色 MPI 接口处，拖动鼠标，将 2 号站和 3 号站与 MPI 网络线相连，如图 2-7-18 所示。

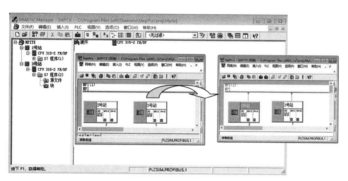

图 2-7-18　网络组态 NetPro 界面

⑦ 选中红色 MPI 网络线，红线变粗后，在菜单栏中选择"定义全局数据"，如图 2-7-19 所示。之后生成 MPI 全局数据表，准备进行 MPI 全局数据表组态。如图 2-7-20 所示。

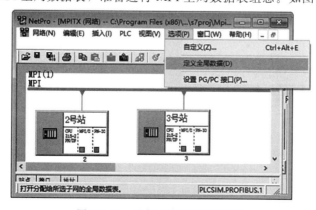

图 2-7-19　选择"定义全局数据"

图 2-7-20　MPI 全局数据表

⑧ 双击图 2-7-20 中"全局数据（GD）ID"右侧第一列，选择要组态的 2 号站及 CPU，并确定，如图 2-7-21 所示。

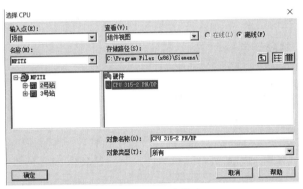

图 2-7-21　组态 2 号站及 CPU

⑨ 采用同样的方法，在"全局数据（GD）ID"右侧第二列，选择要组态的 3 号站及 CPU，之后两个要通信的 2 号站和 3 号站全部出现在全局数据表中，如图 2-7-22 所示。

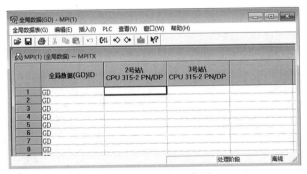

图 2-7-22　MPI 通信站

⑩ 根据项目要求，将 2 号站的 MB10 开始的 2 个字节的数据发送到 3 号站的 MB200 开始的 2 个字节的数据区中。

对 2 号站的发送区进行组态。在"2 号站\CPU 315-2 PN/DP"列的第一行输入"MB10：2"，在该单元格上右键单击，打开下拉菜单，选择"发送器"。

对 3 号站的接收区进行组态。在"3 号站\CPU 315-2 PN/DP"列的第一行输入"MB200：2"，按回车键确定，在该单元格上右键单击，打开下拉菜单，选择"接收器"。如图 2-7-23 所示。

图 2-7-23　MB10：2 发送，MB200：2 接收

⑪ 根据项目要求，将 3 号站的 MB20 开始的 2 个字节的数据发送到 2 号站从 MB100 开始的 2 个字节的数据区中，组态过程同上。之后，单击"保存"，单击"编译"。如图 2-7-24 所示。

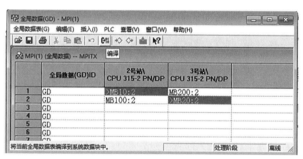

图 2-7-24　MB20：2 发送，MB100：2 接收

⑫ 保存和编译后，系统自动生成 ID 号，如图 2-7-25 所示。每行通信区的 ID 号格式为 GD $A.B.C$，其中，参数 A 表示全局数据块的循环数，参数 B 表示全局数据块的个数，参数 C 表示一个数据包里的数据区数。

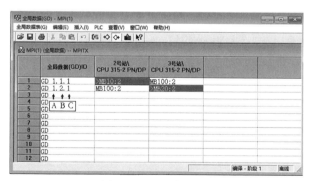

图 2-7-25　生成 ID 号

⑬ 网络组态完成后，单击"保存"和"编译"，将各站组态结果分别下载到各自 PLC 中，在 NetPro 界面中可以看到组态后的 MPI 网络，如图 2-7-26 所示。

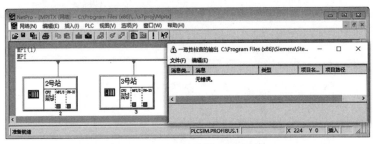

图 2-7-26　组态后的 MPI 网络

步骤 5： I/O 地址分配。

根据 2 号站控制要求，进行 I/O 地址分配，PLC 的 I/O 地址分配表见表 2-7-7。

表 2-7-7　2 号站 I/O 地址分配表

序号	输入信号硬件名称	编程元件地址	序号	输入信号硬件名称	编程元件地址
1	启动 3 号站电机按钮 SB1	I0.0	1	2 号站电机接触器线圈 KM	Q2.0
2	停止 3 号站电机按钮 SB2	I0.1	2	监控 3 号站电机运行指示灯 HL	Q2.1

根据 3 号站控制要求，进行 I/O 地址分配，PLC 的 I/O 地址分配表见表 2-7-8。

表 2-7-8　3 号站 I/O 地址分配表

序号	输入信号硬件名称	编程元件地址	序号	输入信号硬件名称	编程元件地址
1	启动 2 号站电机按钮 SB1	I0.0	1	3 号站电机接触器线圈 KM	Q3.0
2	停止 2 号站电机按钮 SB2	I0.1	2	监控 2 号站电机运行指示灯 HL	Q3.1

步骤 6： 建立符号表。

建立 2 号站符号表，如图 2-7-27 所示。

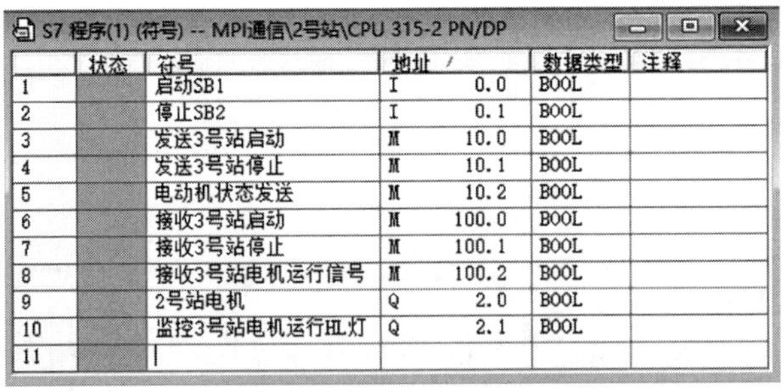

图 2-7-27　2 号站符号表

建立 3 号站符号表，如图 2-7-28 所示。

步骤 7： 编写通信程序。

根据控制要求，则有：

2 号站 MB10 ⟶ 3 号站 MB200，2 号站 MB11 ⟶ 3 号站 MB201；

3 号站 MB20 ⟶ 2 号站 MB100，3 号站 MB21 ⟶ 2 号站 MB101。

2 号站程序设计：按下启动按钮 I0.0，M10.0＝1，则 3 号站 M200.0＝1，启动 3 号站电机 Q3.0；按下停止按钮 I0.1，M10.1＝1，则 3 号站 M200.1＝1，可以停止 3 号站电

S7 程序(2) (符号) -- MPITX\3号站\CPU 315-2 PN/DP

	状态	符号	地址		数据类型	注释
1		启动SB1	I	0.0	BOOL	
2		停止SB2	I	0.1	BOOL	
3		电动机状态发送	M	20.2	BOOL	
4		发送2号站启动	M	20.0	BOOL	
5		发送2号站停止	M	20.1	BOOL	
6		接收2号站启动	M	200.0	BOOL	
7		接收2号站停止	M	200.1	BOOL	
8		接收2号站电机运行信号	M	200.2	BOOL	
9		3号站电机	Q	3.0	BOOL	
10		监控2号站电机运行HL灯	Q	3.1	BOOL	
11						

图 2-7-28　3 号站符号表

机 Q3.0。3 号站电机 Q3.0=1，则 3 号站 M20.2=1，2 号站 M100.2=1，Q2.1=1，2 号站 HL 指示灯亮，监视 3 号站电机运行状态。2 号站 OB1 通信程序如图 2-7-29 所示。

3 号站程序设计：按下启动按钮 I0.0，M20.0=1，则 3 号站 M100.0=1，启动 2 号站电机 Q2.0；按下停止按钮 I0.1，M20.1=1，则 2 号站 M100.1=1，可以停止 2 号站电机 Q2.0。2 号站电机 Q2.0=1，则 2 号站 M10.2=1，3 号站 M200.2=1，Q3.1=1，3 号站 HL 指示灯亮，监视 2 号站电机运行状态。3 号站 OB1 通信程序如图 2-7-30 所示。

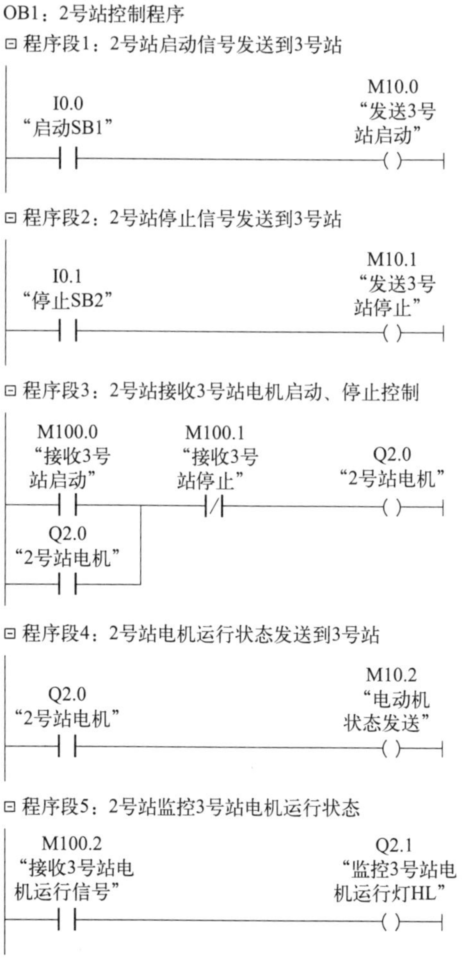

图 2-7-29　2 号站 OB1 通信程序图

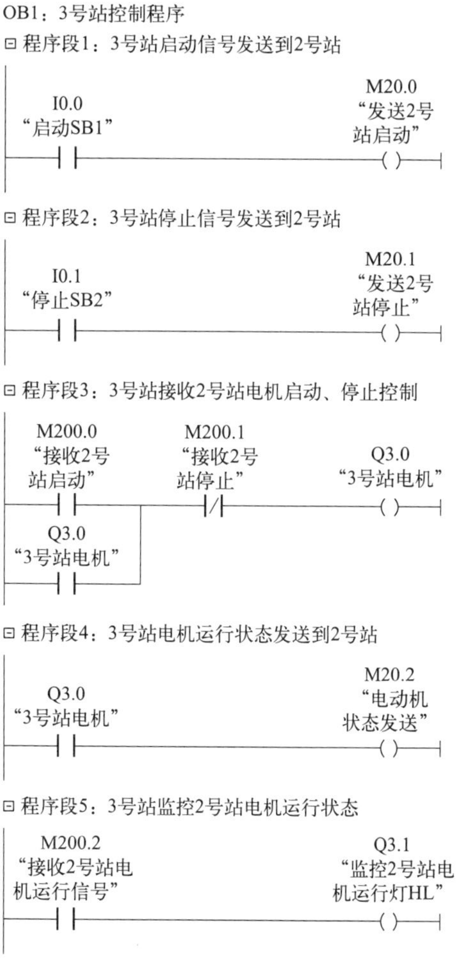

图 2-7-30　3 号站 OB1 通信程序

步骤 8： 运行调试。

在 SIMATIC Manager 下，将 2 号站和 3 号站的组态和程序分别下载到各自的 PLC 中。

在 2 号站按下启动按钮 SB1，3 号站电机启动运行，在 2 号站按下停止按钮 SB2，3 号站电机停止。2 号站指示灯监视 3 号站电机运行状态。

在 3 号站按下启动按钮 SB1，2 号站电机启动运行，在 3 号站按下停止按钮 SB2，2 号站电机停止。3 号站指示灯监视 2 号站电机运行状态。

 ## 项目评价

项目评价表见附录的项目考核评价表。

 ## 思考与练习

1. 进行 MPI 网络配置，实现 2 个 CPU 315-2 DP 之间的全局数据通信。

2. 用无组态 MPI 通信方式，建立 2 套 S7-300 PLC 系统的通信。

3. 两台 PLC 组成的 MPI 通信网络中，有两个站，2 号站 MPI 地址是 2，3 号站 MPI 地址是 3，要求：

① 将 2 号站从 MB20 开始的 2 个字节的数据发送到 3 号站从 MB40 开始的 2 个字节的数据区中。

② 将 3 号站从 MB80 开始的 2 个字节的数据发送到 2 号站从 MB60 开始的 2 个字节的数据区中。

③ 在 2 号站按下启动按钮可以启动 3 号站水泵，按下停止按钮，可以停止 3 号站水泵。2 号站指示灯可以监视 3 号站水泵运行状态。2 号站可以启动和停止本站的风机。

④ 在 3 号站按下启动按钮可以启动 2 号站水泵，按下停止按钮，可以停止 2 号站水泵。3 号站指示灯可以监视 2 号站水泵运行状态。3 号站可以启动和停止本站的风机。

项目八 PROFIBUS-DP不打包 网络通信的设计与调试

可编程控制器应用技术

项目要求

采用 PROFIBUS-DP 不打包通信方式，实施以下控制要求：由两台 S7-300 PLC 组成的 PROFIBUS-DP 不打包通信系统中，有一个是主站，另一个是从站，主站 DP 地址为 2，从站 DP 地址为 3。要求：

① 将主站 MW0 地址中的数据，传送到从站 MW10 地址中；

② 将从站 MW12 地址中的数据，传送到主站 MW2 地址中。

数据传输结构如图 2-8-1 所示。

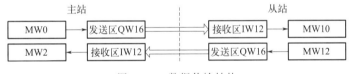

图 2-8-1　数据传输结构

项目目标

① 了解西门子 PLC 通信网络技术相关知识；

② 掌握 PROFIBUS-DP 不打包网络通信的组态、参数设置及通信程序的编写与调试；

③ 培养加强网络运行安全和应急通信保障的意识。

知识准备　PROFIBUS 网络通信组建

一、PROFIBUS 现场总线通信技术

1. PROFIBUS 介绍

作为众多现场总线家族的成员之一，PROFIBUS 是在欧洲工业界得到最广泛应用的

一个现场总线标准，也是目前国际上通用的现场总线标准之一。PROFIBUS 是属于单元级、现场级的 SIMITAC 网络，适用于传输中、小量的数据。其开放性可以允许众多的厂商开发各自的符合 PROFIBUS 协议的产品，这些产品可以连接在同一个 PROFIBUS 网络上。

PROFIBUS 支持主-从模式和多主-多从模式。对于多主站的模式，在主站之间按照令牌传递决定对总线的控制权，取得控制权的主站可以向从站发送、获取信息，实现点对点的通信。

2. PROFIBUS 的组成

PROFIBUS 包括 3 个主要部分：PROFIBUS-DP（分布式外部设备）、PROFIBUS-PA（过程自动化）、PROFIBUS-FMS（现场总线报文规范）。

(1) PROFIBUS-DP（分布式外部设备）

PROFIBUS-DP 是一种高速低成本数据传输，用于自动化系统中单元级控制设备与分布式 I/O（例如 ET 200）的通信。主站之间的通信为令牌方式，主站与从站之间为主从轮询方式，以及这两种方式的混合。一个网络中有若干个被动节点（从站），而它的逻辑令牌只含有一个主动令牌（主站），这样的网络为纯主-从系统。图 2-8-2 所示为典型的 PROFIBUS-DP，图中有一个主站，其他都是从站。

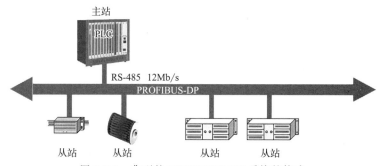

图 2-8-2　典型的 PROFIBUS-DP 系统的构成

(2) PROFIBUS-PA（过程自动化）

PROFIBUS-PA 用于过程自动化的现场传感器和执行器的低速数据传输，使用扩展的 PROFIBUS-DP 协议。图 2-8-3 所示为典型的 PROFIBUS-PA 系统配置。

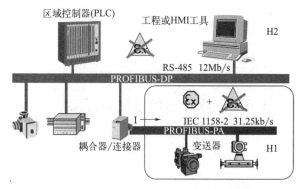

图 2-8-3　典型的 PROFIBUS-PA 系统配置

（3）PROFIBUS-FMS（现场总线报文规范）

PROFIBUS-FMS 可用于车间级监控网络，FMS 提供大量的通信服务，用于完成中等级传输速度进行的循环和非循环的通信服务。一个典型的 PROFIBUS-FMS 系统由各种智能自动化单元组成，如 PC、PLC、HMI 等。典型的 PROFIBUS-FMS 系统如图 2-8-4 所示。

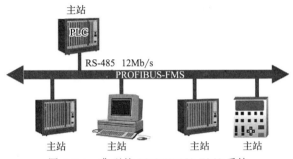

图 2-8-4　典型的 PROFIBUS-FMS 系统

3. PROFIBUS 传输技术

PROFIBUS 使用三种传输技术：PROFIBUS-DP 和 PROFTBUS-FMS 采用相同的传输技术，可使用 RS-485 屏蔽双绞线电缆传输；PROFIBUS-PA 采用 IEC 1158-2 传输技术。

4. 网络的拓扑结构和通信方式

网络的拓扑结构可以采用树形、星形、环形以及冗余等结构。每一个网段最多可以组态 32 个站点，多于 32 个站点时可以使用中继器，整个网络最多可以组态 127 个站点。中继器没有站地址，但也要占用站点。如图 2-8-5 所示。

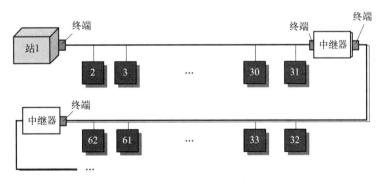

图 2-8-5　两端有终端的总线拓扑

PROFIBUS 支持主-从系统、纯主-主系统、多主-多从混合系统等几种模式。主站与主站之间采用的是令牌的传输方式，主站在获得令牌后通过轮询的方式与从站通信。

（1）主-从系统（单主站）

主-从系统可实现最短的总线循环时间。以 PROFIBUS-DP 系统为例，一个主-从系统由一个主站（1 类）和 1 到最多 125 个从站组成，典型系统如图 2-8-6 所示。

（2）纯主-主系统（多主站）

若干个主站可以用读功能访问一个从站。以 PROFIBUS-DP 系统为例，多主站系统由多个主站（1类或2类）和1到最多124个从站组成。典型系统如图2-8-7所示。

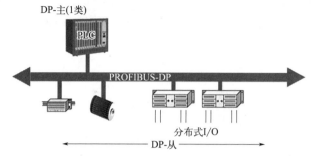

图 2-8-6 PROFIBUS 主-从系统（单主站）

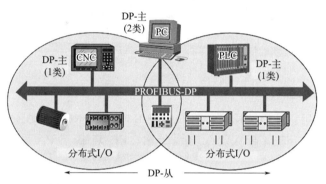

图 2-8-7 PROFIBUS 纯主-主系统（多主站）

（3）两种配置的组合系统（多主-多从）

由3个主站和7个从站构成的 PROFIBUS 系统的结构示意图如图2-8-8所示。

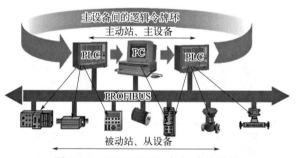

图 2-8-8 PROFIBUS 多主-多从系统

二、PROFIBUS-DP 设备分类

PROFIBUS-DP 在整个 PROFIBUS 应用中，应用最多、最广泛，可以连接不同厂商符合 PROFIBUS-DP 协议的设备。PROFIBUS-DP 定义了以下三种设备类型。

1. DP-1 类主设备

DP-1 类主设备（DPM1）可构成 DP-1 类主站。这类设备是一种在给定的信息循环中与分布式站点（DP 从站）交换信息，并对总线通信进行控制和管理的中央控制器。典型的设备有：可编程控制器（PLC）、微机数值控制（CNC）和计算机（PC）等。

2. DP-2 类主设备

DP-2 类主设备（DPM2）可构成 DP-2 类主站。它是 DP 网络中的编程、诊断和管理设备。除了具有 1 类主站的功能外，还可以读取 DP 从站的输入/输出数据和当前的组态数据，可以给 DP 从站分配新的总线地址。典型的设备有：PC、OP、TP 等。

3. DP-从设备

DP-从设备可构成 DP 从站。这类设备是 DP 系统中直接连接 I/O 信号的外围设备。典型的 DP-从设备有分布式 I/O、ET 200、变频器、驱动器、阀、操作面板等。根据它们的用途和配置，可将 SIMATIC S7 的 DP-从设备分为以下几种。

（1）标准从站

标准从站没有 CPU 模块，通过接口模块（IM）与 DP 主站通信。

（2）智能从站

在 DP 网络中，某些型号的 CPU 可以作从站，在 SIMATIC S7 系统中，这些现场设备称为"智能 DP 从站"。

智能 DP 从站内部的 I/O 地址独立于主站和其他从站。主站和智能从站之间通过组态时设置的输入/输出区来交换数据。它们之间的数据交换由 PLC 的操作系统周期性地自动完成，无须编程，但须对主站和智能 DP 从站之间的通信连接和地址区组态。

主站与智能 DP 从站的通信分为打包通信和不打包通信。

① 不打包通信。用于数据量小的数据传送，可直接利用传送指令实现数据的读写，但是每次最多只能读写 4 个字节的数据，无须编程，只须设定。

② 打包通信。若想一次传送更多的数据，则应该采用打包通信的方式。一次最大传送 32 个字节的数据，需要编程，调用 SFC14 和 SFC15。

✳ 项目实施

步骤 1： 通信的硬件和软件配置。

2 台 CPU 315F-2 PN/DP；2 张 MMC 卡；输入和输出模块各 2 个；电源模块 2 个；1 条 MPI 电缆（也称为 PROFIBUS 电缆）；装有 STEP7 编程软件的计算机（也称编程器）；1 条编程电缆；2 根导轨；网络连接器（DP 头）2 个；STEP7 V5.4 及以上版本编程软件。

步骤 2： 通信的硬件连接。

确保断电接线。将 PROFIBUS 电缆与 DP 头连接，将 DP 头插到 2 个 CPU 模块的 DP 口。主站和从站的 DP 头处于网络终端位置，所以两个 DP 头开关设置为 ON，将 PC 适配器 USB 编程电缆的 RS-485 端口插入 CPU 模块的 MPI 口，另一端插在编程器的 USB 口上。如图 2-8-9 所示。

步骤 3： 主站和从站的建立。

新建一个 STEP7 项目，然后插入两个 SIMATIC 300 站点，分别重命名为"主站"和"从站"，并完成硬件组态。如图 2-8-10 所示。

步骤 4： 从站网络的组态。

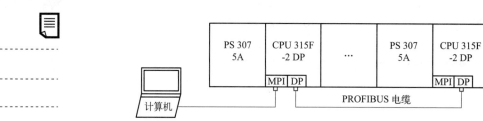

图 2-8-9　通信的硬件连接

图 2-8-10　主站和从站的建立

① 设置 DP 从站地址，在从站的 CPU 315F-2 PN/DP 模块上，双击 "MPI/DP" 行，如图 2-8-11 所示。在 DP 属性界面上，单击 "常规"，单击 "属性" 按钮，如图 2-8-12 所示。在属性设置界面，单击 "参数"，将 DP 地址设置为 3。单击 "新建" 按钮，如图 2-8-13 所示。

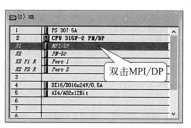

图 2-8-11　从站 MPI/DP 选择

② 单击 "网络设置"，单击 "1.5Mbps"，完成传输率选择，单击 "DP"，完成配置文件选择，单击 "确定" 按钮，如图 2-8-14 所示。之后显示图 2-8-15 所示界面，DP 从站地址为 "3"，传输率为 "1.5Mbps"，单击 "确定" 按钮。

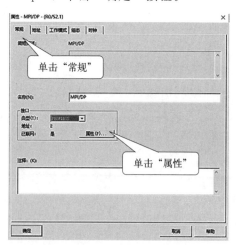

图 2-8-12　单击 "属性"

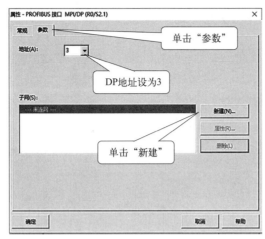

图 2-8-13　从站地址设为 3

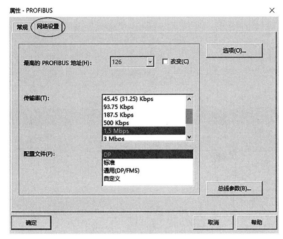

图 2-8-14　从站网络设置

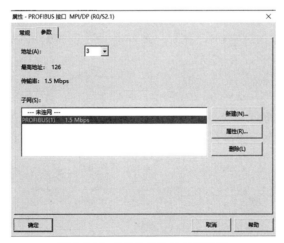

图 2-8-15　DP 从站地址与传输率

③ 在属性窗口中单击"常规"，显示"接口类型"为"PROFIBUS"，"地址"为"3"，"已联网"为"是"。如图 2-8-16 所示。

④ 单击"工作模式"，单击"DP 从站"，单击"确定"按钮，如图 2-8-17 所示。

图 2-8-16　属性窗口

图 2-8-17　工作模式设置

步骤 5： 主站网络的组态。

① 双击"主站"，单击"硬件"，如图 2-8-18 所示。

图 2-8-18　主站设置

② 设置 DP 主站地址为"2"，传输率为"1.5Mbps"，方法同 DP 从站的设置，在工作模式上，选择"DP 主站"，如图 2-8-19 所示。

③ 在属性窗口中单击"常规"，显示"接口类型"为"PROFIBUS"，"地址"为"2"，"已联网"为"是"。如图 2-8-20 所示。

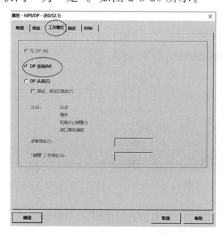

图 2-8-19　主站工作模式的选择

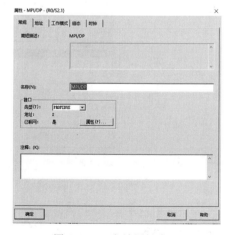

图 2-8-20　主站属性窗口

④ DP 主站设置完成后，单击"PROFIBUS DP"文件夹左侧的"＋"，将"Configured Stations"文件夹下的"CPU 31x"拖到"PROFIBUS（1）：DP 主站系统（1）"的网络线上，如图 2-8-21 所示。之后，显示图 2-8-22 所示界面，单击"连接"，并点击"确定"，将从站下挂到主站的"PROFIBUS（1）：DP 主站系统（1）"的网络线上，如图 2-8-23 所示。

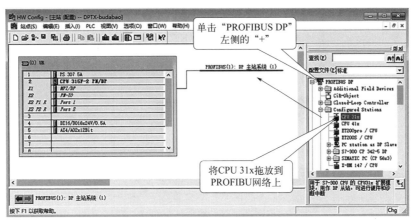

图 2-8-21　从站拖到 DP 网络线上

图 2-8-22　从站连接到主站

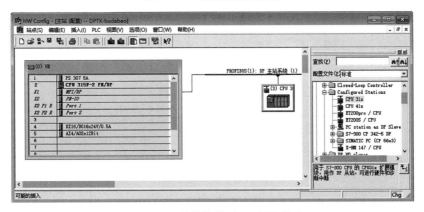

图 2-8-23　从站挂接到 DP 网络线上

步骤 6： 主站与从站通信区设置。

① 双击图 2-8-23 中挂接到 DP 网络线上的从站，进入从站属性界面，选择"组态"，之后单击"新建"，对输入/输出通信区组态，如图 2-8-24 所示。

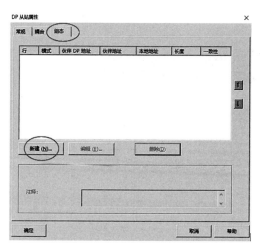

图 2-8-24　通信区组态

② 根据控制要求，主站 QW16 为发送区，从站 IW12 为接收区，对主站发送区与从站接收区进行组态。

"DP 伙伴：主站"组态："地址类型"为"输出"，"地址"为"16"。

"本地：从站"组态："地址类型"为"输入"，"地址"为"12"。

"长度"为"2"，"单位"为"字节"，"一致性"为"单位"。

数据组态完成后，单击"确定"。如图 2-8-25 所示。

说明： 因本项目仅是 2 个字节数据的发送或接收，所以，设定长度为 2，单位选择字节。对于一致性，不打包通信方式，选择单位，打包通信方式选择全部。

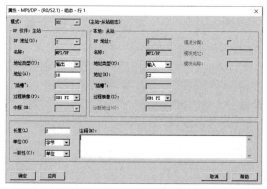

图 2-8-25　主站发送区与从站接收区组态

③ 回到图 2-8-24 界面，单击"新建"按钮，在"行 2"对话框中，对主站接收区与从站发送区进行组态，根据步骤 3 通信区设置，从站发送区为 QW16，主站接收区为 IW12。

"DP 伙伴：主站"组态："地址类型"为"输入"，"地址"为"12"。

"本地：从站"组态："地址类型"为"输出"，"地址"为"16"。

"长度"为"2"，"单位"为"字节"，"一致性"为"单位"。

数据组态完成后，单击"确定"。如图 2-8-26 所示。

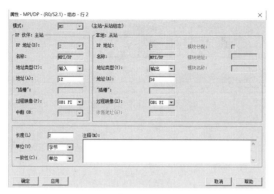

图 2-8-26　主站接收区与从站发送区组态

④ 组态好的主站与从站的通信区如图 2-8-27 所示，必须与本项目要求的通信区设置保持一致。单击"确定"按钮，回到主站硬件配置界面，单击"保存并编译"按钮，退出主站的硬件配置界面。

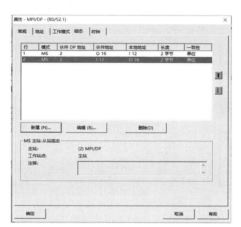

图 2-8-27　组态好的主站与从站的通信区

步骤 7：网络组态。

点击快捷菜单中的"配置网络"按钮，打开 NetPro 网络组态界面，可以看到图 2-8-28 所示的网络组态。

步骤 8：硬件组态与网络组态的下载。

将组态好的主站和从站分别下载到对应的 PLC 中。

步骤 9：编写通信程序。

通过硬件组态完成了主站和从站的接收区和发送区的连接，要实现图 2-8-29 所示的主站与从站对应的 I/O 区通信，还需要进一步编程实现。主站 OB1 通信程序如图 2-8-30 所示。从站 OB1 通信程序如图 2-8-31 所示。

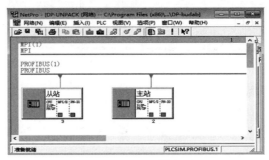

图 2-8-28　DP 网络组态

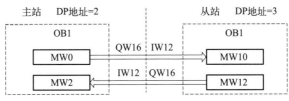

图 2-8-29　主站与从站通信区

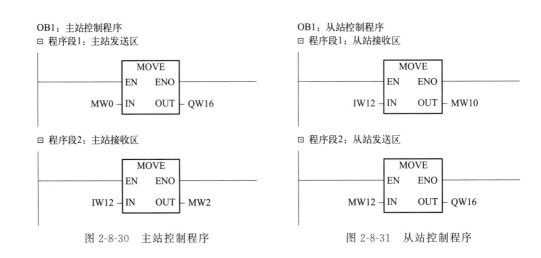

图 2-8-30　主站控制程序　　　　　图 2-8-31　从站控制程序

步骤 10： 中断处理。

采用 PROFIBUS-DP 总线，能连接的从站个数与 CPU 型号有关，最多 125 个从站，为防止某一个从站掉电或损坏，将产生不同的中断，并调用相应的组织块，如果在程序中没有建立这些组织块，CPU 将停止运行，以保护设备和人身安全，因此在主站和从站右击"块"，分别插入 OB82、OB86 和 OB122 组织块，以便进行相应的中断处理。如果忽略这些故障让 CPU 继续运行，可以对这几个组织块不编写任何程序，只插入空的组织块。

步骤 11： 下载调试。

确保接线正确的情况下，在 SIMATIC Manager 下，将主站和从站的硬件组态、通信组态及程序分别下载到各自对应的 PLC 中。

分别打开主站和从站的变量表，如果通信成功，改变主站 MW0 的值，可以看到从站

MW10 的值也发生变化，始终与主站的 MW0 保持一致；改变从站 MW12 的值，可以看到主站 MW2 的值也发生变化，始终与从站的 MW12 保持一致。

 项目评价

项目评价表见附录的项目考核评价表。

 思考与练习

由两台 PLC 组成一主一从 PROFIBUS-DP 不打包通信系统。CPU 模块均为 CPU 315F-2 PN/DP，其中，主站连接设备 A，从站连接设备 B，主站 DP 地址为 4，从站 DP 地址为 5。控制要求如下：

① 主站完成对设备 A 及设备 B 的启动或停止控制，且能对设备 A 和设备 B 的工作状态进行监视；

② 从站完成对设备 B 及设备 A 的启动或停止控制，且能对设备 A 和设备 B 的工作状态进行监视。

可编程控制器应用技术

项目九
PROFIBUS-DP打包
网络通信的设计与调试

🔧 项目要求

采用 DP 打包通信方式，实施以下控制要求：

由两台 S7-300 PLC 组成的 PROFIBUS-DP 打包通信系统中，PLC 的 CPU 模块为 CPU 314F-2 DP。有一个是主站，另一个是从站，主站 DP 地址为 2，从站 DP 地址为 3。要求：通过在主站建立变量表，在主站变量表中写入（修改）20 个字节数据，该数据被发送到从站，从站接收到该数据后再把它发送到主站，在主站变量表中可以看到该 20 个字节数据。如图 2-9-1 所示。

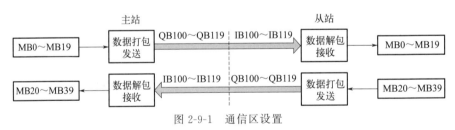

图 2-9-1　通信区设置

📖 项目目标

① 了解西门子 PLC 通信网络技术相关知识；
② 掌握 PROFIBUS-DP 打包网络通信的组态、参数设置及通信程序的编写与调试；
③ 培养加强网络运行安全和应急通信保障的意识。

🔌 知识准备　PROFIBUS-DP 的打包通信

在实际工程中，往往为了实现复杂的控制功能，需要传送复杂类型的数据。这类存储复杂数据的比双字更大的连续不可分割的数据区称为一致性数据区。需要绝对一致性传送的数据量越大，系统中断反应的时间越长。

当一次传送数据为4B以上时，则采用打包的通信方式。打包通信方式需要调用系统功能SFC。STEP7提供了两个系统功能SFC15和SFC14来完成数据的打包和解包功能。

一、SFC15指令

SFC15（DPWR_DAT）写（发送）连续数据。指令格式如图2-9-2所示。

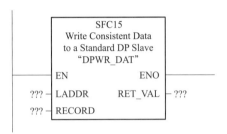

图 2-9-2　SFC15 指令格式

SFC15系统功能各端子应用如表2-9-1所示。

表 2-9-1　SFC15 指令各端子应用

引脚	数据类型	说明
EN	BOOL	模块执行使能端
LADDR	WORD	本地通信区起始地址,该地址必须为十六进制格式。例 W♯16♯3
RECORD	ANY	待打包的数据存放区域。只允许使用数据类型 BYTE
RET_VAL	INT	如果在功能激活时出错,则返回值将包含一个错误代码
ENO	BOOL	模块输出使能

二、SFC14指令

SFC14（DPRD_DAT）读（接收）连续数据。指令格式如图2-9-3所示。

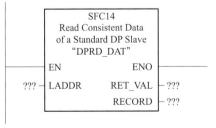

图 2-9-3　SFC14 指令格式

SFC14系统功能各端子应用如表2-9-2所示。

表 2-9-2　SFC14 指令各端子应用

引脚	数据类型	说明
EN	BOOL	模块执行使能端

续表

引脚	数据类型	说明
LADDR	WORD	本地通信区起始地址,该地址必须为十六进制格式。例 W＃16＃3
RECORD	ANY	解包后的数据存放区域。只允许使用数据类型 BYTE
RET_VAL	INT	如果在功能激活时出错,则返回值将包含一个错误代码
ENO	BOOL	模块输出使能

项目实施

步骤 1: 通信的硬件和软件配置。

2 台 CPU 315F-2 DP;2 张 MMC 卡;输入和输出模块各 2 个;电源模块 2 个;1 条 MPI 电缆（也称为 PROFIBUS 电缆）;装有 STEP7 编程软件的计算机（也称编程器）; 1 条编程电缆;2 根导轨;网络连接器（DP 头）2 个;STEP7 V5.4 及以上版本编程软件。

步骤 2: 通信的硬件连接。

确保断电接线。将 PROFIBUS 电缆与 DP 头连接,将 DP 头插到 2 个 CPU 模块的 DP 口。主站和从站的 DP 头处于网络终端位置,所以两个 DP 头开关设置为 ON,将 PC 适配器 USB 编程电缆的 RS-485 端口插入 CPU 模块的 MPI 口,另一端插在编程器的 USB 口上。如图 2-9-4 所示。

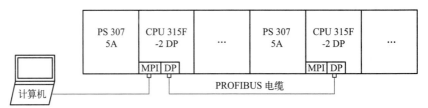

图 2-9-4　通信的硬件连接

步骤 3: 主站和从站的建立。

新建一个 STEP7 项目,然后插入两个 SIMATIC 300 站点,分别重命名为"主站"和"从站",并完成硬件组态。如图 2-9-5 所示。

图 2-9-5　主站和从站的建立

步骤 4: 从站网络的组态。

① 设置从站 DP 地址,在从站的 CPU 315F-2 DP 模块上,双击"DP"行,如图 2-9-6 所

示。在 DP 属性界面上，单击"属性"，进入 PROFIBUS 接口设置界面，将地址设为"3"，新建一条"PROFIBUS（1）"网，传输率为"12Mbps"，如图 2-9-7 所示。方法同不打包通信从站设置。

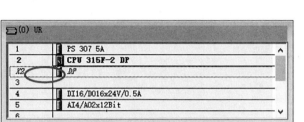

图 2-9-6　从站硬件组态

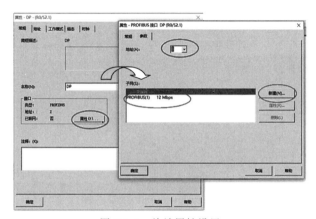

图 2-9-7　从站属性设置

② 选择"工作模式"，设置为"DP 从站"，如图 2-9-8 所示。

图 2-9-8　工作模式设置

步骤 5：主站网络的组态。

① 双击"主站"，单击"硬件"，如图 2-9-9 所示。

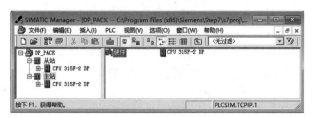

图 2-9-9　主站设置

② 在主站的 CPU 315F-2 DP 模块上，双击"DP"行，在 DP 属性界面上，单击"属性"，进入 PROFIBUS 接口设置界面，将地址设为"2"，新建一个"PROFIBUS（1）"网络，如图 2-9-10 所示。

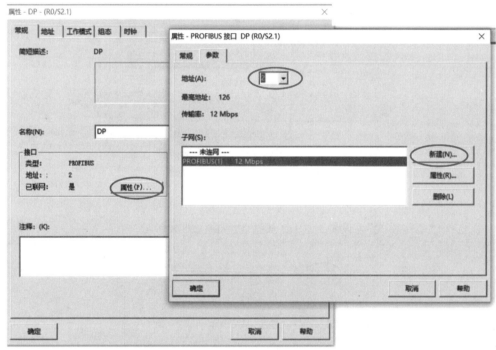

图 2-9-10　主站属性设置

③ 在 DP 属性窗口，单击"工作模式"，选择"DP 主站"模式，如图 2-9-11 所示。

④ 主站设置完成后，将 DP 从站连接到 DP 主站上，如图 2-9-12 所示。

步骤 6：主站与从站通信区设置。

① 双击图 2-9-12 中挂接到 DP 网络线上的从站，进入从站属性界面，选择"组态"，之后单击"新建"，对输入/输出通信区组态，如图 2-9-13 所示。

② 根据控制要求，主站 QB100～QB119 为输出区（发送区），从站的 IB100～IB119 为输入区（接收区）。主站 IB100～IB119 为输入区（接收区），从站 QB100～QB119 为输出区（发送区）。

对主站和从站的发送区与接收区进行组态。如图 2-9-14 和图 2-9-15 所示。

③ 组态好的主站与从站的通信区如图 2-9-16 所示，必须与本项目要求的通信区设置

保持一致。单击"确定"按钮，回到主站硬件配置界面，单击"保存并编译"按钮，退出主站的硬件配置界面。

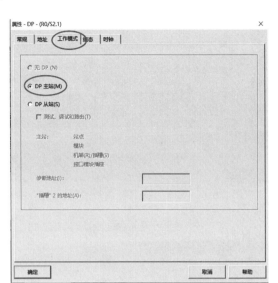

图 2-9-11 工作模式设置

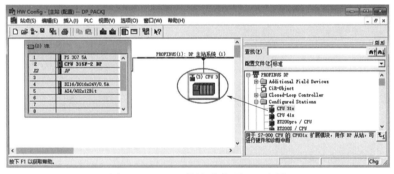

图 2-9-12 DP从站连接到DP主站

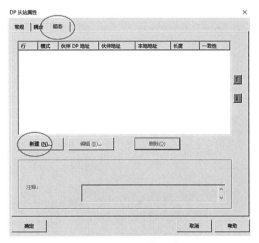

图 2-9-13 通信组态

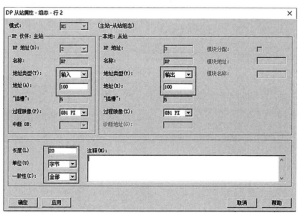

图 2-9-14　主站发送区与从站接收区组态

图 2-9-15　主站接收区与从站接发送组态

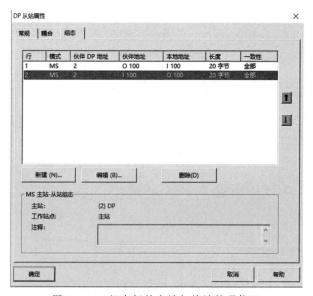

图 2-9-16　组态好的主站与从站的通信区

步骤 7：网络组态。

点击快捷菜单中的"配置网络"按钮，打开 NetPro 网络组态界面，可以看到图 2-9-17 所示的网络组态。

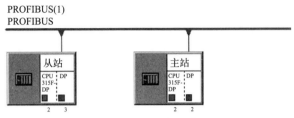

图 2-9-17　网络组态

步骤 8：硬件组态与网络组态的下载。

将组态好的主站和从站分别下载到对应的 PLC 中。

步骤 9：编写通信程序。

通过硬件组态完成了主站和从站的接收区和发送区的连接，要实现图 2-9-18 所示的主站与从站对应的 I/O 区通信，还需要进一步编程实现。根据控制要求，编写主站与从站通信程序，主站通信控制程序如图 2-9-19 所示，从站通信控制程序如图 2-9-20 所示。

图 2-9-18　主站与从站通信区

步骤 10：中断处理。

采用 PROFIBUS-DP 总线，能连接从站个数与 CPU 型号有关，最多 125 个从站，为防止某一个从站掉电或者损坏，将产生不同的中断，并调用相应的组织块，如果在程序中没有建立这些组织块，CPU 将停止运行，以保护设备和人身安全，因此在主站和从站中右击"块"，分别插入 OB82、OB86 和 OB122 组织块，以便进行相应的中断处理。如果忽略这些故障让 CPU 继续运行，可以对这几个组织块不编写任何程序，只插入空的组织块。

步骤 11：下载调试。

确保 PROFIBUS 的紫色电缆及其他连线接线正确的情况下，在 SIMATIC Manager 下，将主站和从站的硬件组态、通信组态及程序分别下载到各自对应的 PLC 中。

分别打开主站和从站的变量表，如果通信成功，改变主站 MB0～MB19 的值，可以看到从站 MB0～MB19 的值也发生变化，始终与主站的数据保持一致；改变从站 MB20～MB39 的值，可以看到主站 MB20～MB39 的值也发生变化，始终与从站的数据保持一致。

OB1：主站程序

▭ 程序段1：发送区QB100～QB119，起始地址W#16#100。发送数据存储在MB0～MB19中。

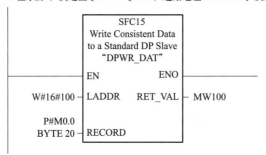

▭ 程序段2：接收区IB100～IB119，起始地址W#16#100。接收数据存储在MB20～MB39中。

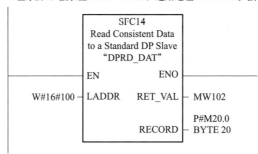

图 2-9-19　主站通信程序

OB1：从站程序

▭ 程序段1：接收区IB100～IB119，起始地址W#16#100。接收数据存储在MB0～MB19中。

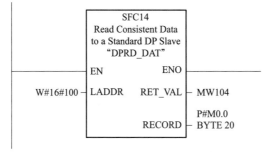

▭ 程序段2：发送区QB100～QB119，起始地址W#16#100。发送数据存储在MB20～MB39中。

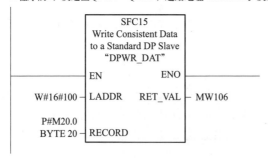

图 2-9-20　从站通信程序

项目评价

项目评价表见附录的项目考核评价表。

 思考与练习

由两台 PLC 组成一主一从 PROFIBUS-DP 网络打包通信。CPU 模块为 CPU 314C-2 DP，主站 DP 地址为 10，从站 DP 地址为 11。控制要求：

① 主站发送 32 个字节数据到从站，从站发送 32 个字节数据到主站。

② 通过建立变量表，在主站变量表上修改 32 个字节数据，发送到从站，在从站变量表上可以看到该数据。

③ 在从站变量表上修改 32 个字节数据，再发送到主站，在主站变量表上可以看到该数据。

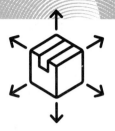

附录
项目考核评价表

可编程控制器应用技术

考核评价表

序号	考核内容	分数	考核要求	评分标准	扣分	得分
1	控制方案设计	15	①I/O 地址分配(5 分) ② 画出 PLC 的外部接线图(5 分) ③PLC 的硬件选型(5 分)	①I/O 地址遗漏或错误，每处扣 1 分		
				②PLC 模块的型号选择错误，每处扣 1 分		
				③PLC 的外部接线图表达不正确或画法不规范，每处扣 1 分		
2	安装与接线	10	①按 PLC 外部接线图正确接线(5 分) ②接线正确、紧固、美观(5 分)	①接线不紧固、不美观，每处扣 1 分		
				②未按接线图正确接线，每处扣 1 分		
3	编制控制程序	40	①新建项目(2 分) ②硬件组态(5 分) ③建立符号表(5 分) ④建立变量表(3 分) ⑤控制程序编写(25 分)	①未按要求新建项目，扣 2 分		
				②PLC 硬件组态错误，每处扣 1 分		
				③符号表建立错误，每处扣 1 分		
				④变量表建立错误，每处扣 1 分		
				⑤不能正确编写控制程序，每处扣 5 分		
4	控制程序调试	30	①仿真调试(5 分) ②通信设置(5 分) ③编译下载程序(5 分) ④调试程序(5 分) ⑤观察运行结果并监控程序，做好实验记录(10 分)	①不能打开仿真软件，插入相应的仿真软件的监视变量，查看运行情况，每处扣 1 分		
				②不能正确搜索和设置 PLC 的 IP 节点地址，扣 5 分		
				③不能正确编译下载程序，扣 5 分		
				④不能正确调试程序，扣 5 分		
				⑤不能观察运行结果并监控程序，做好实验记录，每错处扣 2 分		
5	安全文明生产	5	能遵守国家或企业、实训室有关安全文明生产规定(5 分)	每违反一项规定扣 1 分，严重违规者停止操作		
合计		总分 100				

小组成员签名

参 考 文 献

［1］ 阳胜峰 . 西门子 S7-300/400 PLC 技术视频学习教程［M］. 北京：机械工业出版社，2011.

［2］ 胡健 . 西门子 S7-300 PLC 应用教程［M］. 北京：机械工业出版社，2007.

［3］ 廖常初 . 跟我动手学 S7-300/400 PLC［M］. 北京：机械工业出版社，2016.

［4］ 李莉 . 西门子 S7-300 PLC 项目化教程［M］.2 版 . 北京：机械工业出版社，2021.

［5］ 郑长山 . PLC 应用技术图解项目化教程（西门子 S7-300）［M］.2 版 . 北京：电子工业出版社，2016.

［6］ 向晓汉 . 西门子 PLC 高级应用实例精解［M］. 北京：机械工业出版社，2010.

［7］ 程龙泉 . 可编程控制器应用技术（西门子）［M］. 北京：冶金工业出版社，2009.

［8］ 秦益霖 . 西门子 S7-300 PLC 应用技术［M］. 北京：电子工业出版社，2007.